一流大师的

蛋糕卷

(日)石塚伸吾　(日)安食雄二　(日)大山荣藏
(日)辻口博启　(日)山本次夫　(日)青木定治　著
(日)小川忠贞　(日)永井纪之　(日)横田秀夫　(日)稻村省三
王春梅　译

辽宁科学技术出版社
沈　阳

目录
CONTENTS

4 介绍本书中的老师

6 制作完美蛋糕卷

12 了解蛋糕卷所需的3种面糊

本书食谱规格均为
28cm×28cm烤盘1个

石塚伸吾老师的原味蛋糕卷 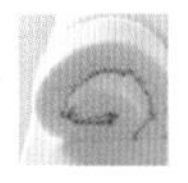 14

小川忠贞老师的可可舒芙蕾  20

安食雄二老师的枫糖蛋糕卷  26

安食雄二老师的奶油奶酪蛋糕卷  32

辻口博启老师的红色蛋糕卷  36

辻口博启老师的杏仁糖蛋糕卷 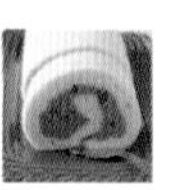 42

大山荣藏老师的春色满园蛋糕卷 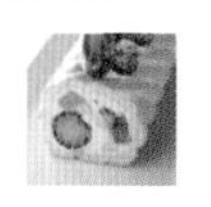 46

稻村省三老师的苹果枫糖蛋糕卷 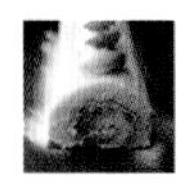 52

山本次夫老师的柑橘蛋糕卷  58

山本次夫老师的草莓果酱蛋糕卷  64

横田秀夫老师的伊予柑橘蛋糕卷  66

青木定治老师的抹茶蛋糕卷  72

永井纪之老师的圣诞树干蛋糕卷  78

25 为了切出美观的效果

65 蛋糕卷的变迁/

纸筒的制作方法/裱花袋的使用方法

89 有圣诞树干蛋糕的圣诞节

90 制作各款蛋糕卷所需的烘焙材料

94 向甜点师的味道接近 Q&A

开始制作蛋糕卷之前

· 烤箱的温度设定、烘焙时间方面，会根据烤箱的款式和容量发生改变。
  使用家用烤箱时，预热温度需要比本书中的设定温度高20℃。
  放入蛋糕开始烘焙以后，再把温度降至原有的设定温度即可。
· 如果没有特别说明，常温指20～25℃。

介绍本书中的老师

代表日本一流甜点师水平的各位老师，特别把最受欢迎的蛋糕卷食谱教给了我们。

为了不让初学者困惑，各位老师还格外添加了详细的解说。

石塚伸吾

Shingo Ishizuka

生于东京都。高中毕业后就职于“龟屋万年堂”。在经历过“MEDORU”和“东京王子酒店（Prince Hotels）”的职业生涯后，转型成为法国餐厅“Perignon”的甜点厨师长。之后，在该餐厅开设甜点部门，并于1990年“SALON DE Perignon”开张之际，就任厨师长职务。1996年开始自立门户，在东京·多摩中心开设“Grandcru”甜品屋，担任主厨职务。目前在山梨·北杜市的自家果园从事果树栽培。

原味蛋糕卷（P.14）

小川忠贞

Tadatsura Ogawa

生于东京都。高中毕业后，师从被誉为前菜（hors-d'œuvre）之神的已故岩渊房吉老师，在“三井俱乐部”的料理室开始学习。4年后，进入“丸内酒店”接受齐藤文治郎老师的指导。1964年赴法。回国后担任“蓝色海岸（Côte d'Azur）”的厨师，1973年担任老店“小川轩”的第3代主厨。其制作的明星产品“葡萄干三明治（raisin wich）”广受美誉。

可可舒芙蕾（P.20）

安食雄二

Yuji Ajiki

在神奈川叶山鹬立亭店工作一段时间之后，转职于横滨皇家公园酒店。并于1996年在国际拿破仑竞赛（International Mandarine Napoleon Competition）中获得优胜。1998年开始在东京自由之丘的蒙圣克莱尔（Mont St Clair）做糕点师。2001—2008年间在DEFFERT任首席糕点师，2010年开设“甜点花园”（SWEETS Garden YUJI AJIKI）点心店。

枫糖蛋糕卷（P.26）
奶油奶酪蛋糕卷（P.32）

辻口博启

Hironobu Tsujiguchi

生于石川县。高中毕业后，在东京都内的甜品店、法国的“PâtisserieBertin”等店铺实习。其间，除在世界甜品大赛总决赛（La Coupe du Monde de la Pâtisserie）中获得个人优胜奖以外，还在国内外多次大赛中取得优胜的成绩。1998年开始，在“Mont St Clair”担任甜品师。2010年开始成为甜品厨师长。现在主要经营13个不同的甜品品牌。

红色蛋糕卷（P.36）
杏仁糖蛋糕卷（P.42）

大山荣藏

Eizo Oyama

生于埼玉县。在甜品店“Lecomte”工作一段时间之后，于1971年赴法。在巴黎的“Mauduit”“Chaton”“Hôtel Plaza Athénée”等地学习工作了4年时间。之后在瑞士蛋糕学校学习之后返回日本。1977年开设“MALMAiSON”，担任甜品厨师长的职务。作为正宗法式甜品屋，迅速地得到了大家的认可。1992年，在赤堤开设分店。现担任公益社团法人东京都西式甜品协会会长。

春色满园蛋糕卷（P.46）

稻村省三

Shozo Inamura

从1979年开始，陆续在瑞士日内瓦的酒店、巴黎甜品店“ECUREVIL”“Dalloyau”等处学习。在瑞士的“Richmond”蛋糕学校学习了黑森林等甜品款式，在法国的“Lenotrel”蛋糕学校学习了精细糖果的制作方法。回国后在西洋银座酒店担任甜品厨师长，2000年在东京·上野樱木开设“PATISSIER INAMURA SHOZO”门店，担任厨师长。在世界大赛中多次获得奖项。

苹果枫糖蛋糕卷（P.52）

山本次夫

Tsugio Yamamoto

高中毕业后在帝国酒店工作，1975年远赴欧洲。在瑞士因特拉肯（Interlaken）的“Beaurivage”酒店、日内瓦的“DES BERGUES”酒店实习。之后在加拿大的“Banff Springs”酒店担任甜品厨师长。回国后一直在银座的“Perignon”“Catherine”和青山的“KIHACHI”甜品店配合工作。1988年在横滨开设“Perignon的4月”甜品店。2014年之前，一直在此从事厨师长工作。

柑橘蛋糕卷（P.58）
草莓果酱蛋糕卷（P.64）

横田秀夫

Hideo Yokota

曾经就职于东京王子酒店、银座“patisserieDorekan”、东京全日空酒店，1994—2004年期间就职于东京君悦公园酒店的“executive-pastry-chef”甜品店。同年，在埼玉·春日部开设“果子工房Oak Wood”并担任主厨。多次在甜品大赛中获奖，2005年获得厚生劳动省颁发的“现代名工”奖项。现为西式甜品协会指定的指导员。

伊予柑橘蛋糕卷（P.66）

青木定治

Sadaharu Aoki

生于东京都。在青山“Chondon”甜品店工作一段时间之后，于1989年赴法。在巴黎“Jean Millet”和瑞士“Girardet”工作和学习之后，成为巴黎“CURRENT”的甜品店主厨。其后，在1995年的法国糕点大赛（Concours Charles Proust）的味觉项目中获得优胜奖，这是日本人首次获得优胜奖。1998年，在巴黎开设“atelier”门店，2001年开设“boutique”门店。2005年，在东京·丸内开设日本首家“boutique”门店。现在以巴黎为中心，在法国和日本开展活动。

抹茶蛋糕卷（P.72）

永井纪之

Noriyuki Nagai

生于东京都。1981年开始，作为“AU BON VIEUX TEMPS”开店店员开始工作。1983年赴法，在法国瓦朗诗（Valence）的“Daniel Jiro”、巴黎的“Michel Rostang”、格勒诺布尔（Grenoble）、日内瓦、卢森堡等处经过了6年的研修后回国。1993年开设自己的门店，从事主厨工作。

圣诞树干蛋糕卷（P.78）

制作完美蛋糕卷

1 基本工具

为制作完美的蛋糕卷，最重要的是让每一个步骤连贯流畅，从头到尾一气呵成，所以需要提前阅读食谱，准备必要的工具，清洗干净，放在随手可得的位置上。

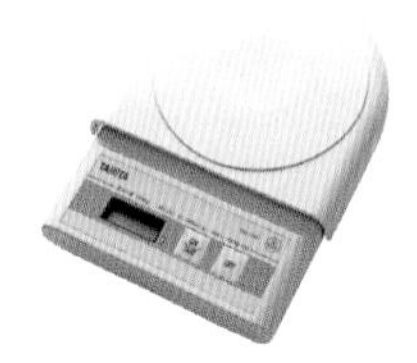

电子秤

制作蛋糕的时候，需要非常精准地称量原材料。本书中会出现很多精确到1g的计量单位。如果使用弹簧秤，则或多或少会出现误差，所以请准备能精确到1g的电子秤。推荐选择具备去毛重功能的电子秤，这样才能去掉容器的重量。

盆

最好使用耐热、耐冷、轻便、结实的不锈钢盆。另外，耐热玻璃材质的盆可以直接用微波炉和炉灶加热，还能直接从外部确认盆中材料整体的状况，非常方便。无论您选择哪一款，都需要备齐24cm、21cm、18cm不同尺寸的小盆。如果您使用电动搅拌器，则推荐使用深型盆。这样的盆能保证叶片力量均匀，材料不会四溢。制作杏仁糖（P.43）的时候会涉及加热工序，推荐使用热传导率比较好的铜盆。因为要确保所有原材料都能均匀受热，所以圆底盆更便于让原材料混合均匀。使用圆底盆打发出的蛋白泡更稳定。

万能过滤网

家庭使用时，推荐可以过滤面粉，也可以过滤奶油的万能型过滤网。尽量选择网眼细腻的款式，使用后需要洗净并晾干。

刮板&刮刀

橡皮刮刀的耐热性能良好。选择刮刀和手柄之间没有接口的款式，能够完美解决卫生方面的担忧。刮板兼具刮刀和切刀的功能。制作蛋糕卷的时候，能利用圆弧部分切掉多余的面糊，还能利用直线部分平整面糊的表面。

打蛋器

推荐选择手柄容易掌握，钢圈弹性良好的款式。18cm左右的尺寸即可。

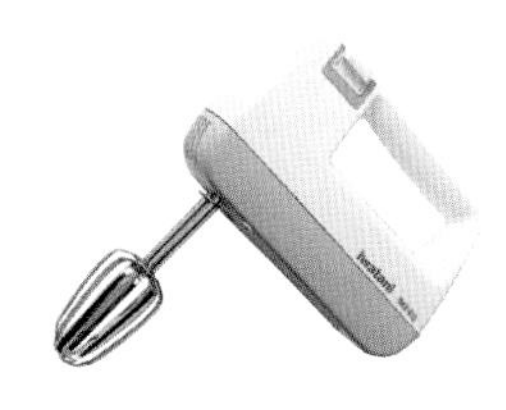

电动搅拌器

短时间内可以完成蛋白打发操作的电动搅拌器，是一款必不可少的工具。最好选择具备高、中、低速调整功能的款式。手持打蛋器，画出大大的圆形，才能打制出理想的蛋白泡。

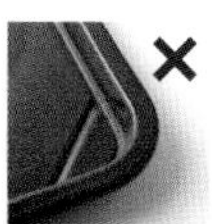

烤盘

制作蛋糕卷成败的关键，在于能否烤出表面平整的蛋糕坯，所以我们需要一款底面没有沟槽、没有倾斜度的烤盘。本书中全部使用尺寸为28cm×28cm的烤盘，但是您可以根据自家烤箱的大小来选择烤盘的尺寸。如果烤盘底面不够平整，可以用铝膜包住硬纸板，然后垫在下面调整高度。如果尺寸过小，请务必调整倒入面糊的分量。如果制作没有大小要求，还是推荐使用28cm×28cm的烤盘。

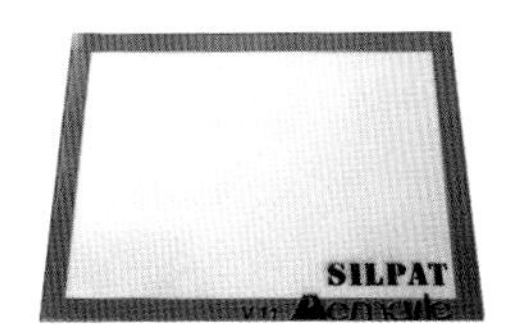

硅胶烤箱垫

用于制作抹茶蛋糕卷（P.72）光滑靓丽的表面。硅胶材质的烤箱垫可以在-30~400℃的温差范围中使用。可以直接放入烤箱或冰箱中。

抹刀

用于平整面糊、涂抹奶油，垫在蛋糕下面移动位置等。弯曲的L形抹刀易于操作，适合初学者使用。

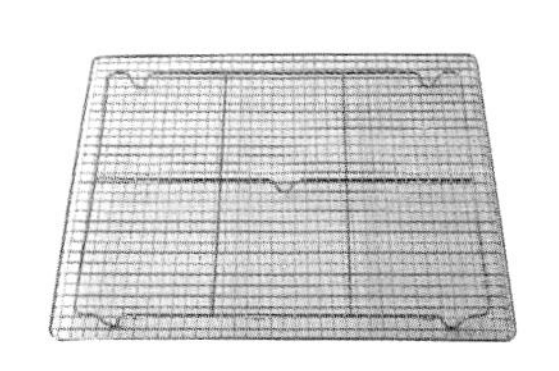

网（蛋糕冷却架）

新鲜出炉的蛋糕早一点散发掉水分，其口感才能蓬松可口。如果直接放在台面上，会导致蒸汽无法散发，从而再次被蛋糕吸收进去。蛋糕卷的味道，很大程度上取决于蛋糕坯的质地，所以请一定准备好蛋糕冷却架。为了确保蛋糕坯的形状，请选择四角形款式。如果网眼太大，恐怕会在柔软的蛋糕坯上留下印痕，所以请尽量选择网眼细腻的款式。

裱花袋&裱花嘴

用于挤出饼干面糊（P.33、P.48），或者奶油裱花。裱花袋的材质各异，家庭使用推荐干净卫生的一次性产品。裱花嘴的材质、花纹、尺寸各异，本书中常用的为直径9cm、10cm、12cm的圆形裱花嘴，直径约为10cm的菊花形裱花嘴和宽2cm的平纹裱花嘴。

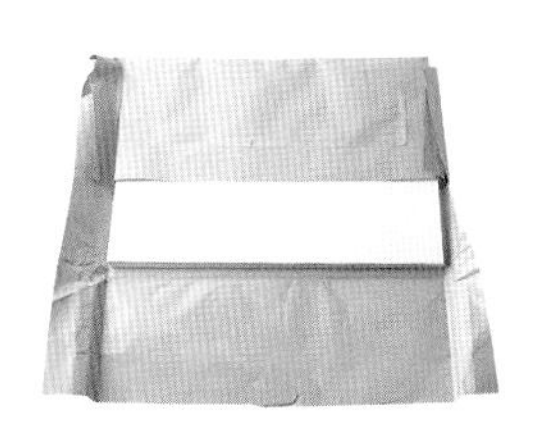

烘焙纸（垫纸）

如果在烤盘上铺一张烘焙纸或树脂材料的垫片，就能让出炉后的蛋糕坯格外光泽润滑。蛋糕卷的美好口感之一，就来自表面独特的风情。为了制作出海绵的蓬松和柔韧的嚼劲，推荐使用能够与面糊密切结合的烘焙纸。推荐40cm×55cm的可切断款式，就像保鲜膜那样卷在一起，即使用不完也不会出现褶皱。烘焙纸不仅可以贴在烤盘上，还能用于需要撒干粉、反转面糊的时候。类似于这种百搭工具，可以时常备在身边随时取用。

小奶锅

制作少量糖浆时，可以使用方便的小奶锅。锅底面积小，所以转移到别的容器中时，留在锅底的损失材料也最少。照片中是直径9cm的小奶锅。最好使用热传导性和保温性能兼备的铜锅。

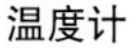

温度计

制作用于意大利蛋白霜（P.86）的糖浆时，非常重要的一点就是要准确测量出糖浆的温度。因为糖浆的沸点高，所以要准备200℃的温度计。当然，也可以使用清晰可见的电子温度计。

2 基本材料

鸡蛋、小麦粉、砂糖和乳制品，这些基本材料往往种类繁多，其特性却会对成品蛋糕卷的口感和风味产生不同的影响。
因此，选择合适的材料尤为重要。
甜点师们制作的蛋糕卷味道鲜美的秘诀之一，也恰好是这一点。
正确理解材料的特点和性质，是接近甜点师味道的第一步。

鸡蛋

鸡蛋当中，包含很多制作点心必不可少的重要特征。其中之一，就是蛋白的发泡性。蛋白最大的特点，是搅拌以后能包裹住大量的空气，霜状泡沫里面的气体，遇热以后就会膨胀，膨胀的力量会让整个面糊蓬松增大。在制作轻盈蓬松的蛋糕卷时，首先就需要用蛋白打制出细腻均匀的泡沫。如果打制蛋白霜泡沫的方法不合适，泡沫破碎，就会导致烘焙过程中面糊无法膨胀。这样一来，出炉后的蛋糕坯就会塌陷下去。说到蛋黄，其最大的特征是遇热固化和乳化功能。而且蛋黄独特的香醇风味，绝对是其他原材料所无法替代的。无论鸡蛋多大，蛋黄和蛋壳的重量都不会有太大差别——蛋黄约20g，蛋壳约5g。所以，鸡蛋大小的区别主要取决于蛋白的比例。鸡蛋的好坏是决定蛋糕美味与否的关键。请确认自己的味觉，选择自己认为可口、新鲜的鸡蛋，这一点非常重要。

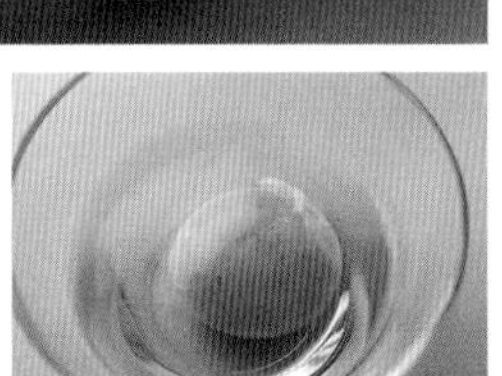

蛋黄部分明显凸起，蛋黄周围有啫喱状浓厚的蛋白和白色凝结物的鸡蛋才是新鲜的鸡蛋。

小麦粉

小麦粉与水和在一起，会成为具备弹性和黏性的面糊。这是因为小麦粉中含有的蛋白质与水结合在一起以后，形成了麸质。麸质，具备类似于年糕一样的黏性，像骨骼一样起到支撑面糊的重要作用。也就是说，高筋面粉中含有更多的蛋白质和麸质，所以高筋面粉揉出的面糊更强韧。而低筋面粉中含有的蛋白质较少，揉出的面糊更加柔软。当我们制作蛋糕卷的蛋糕坯时，应该使用含麸质较少的低筋面粉。大多数情况下，甜点师制作蛋糕卷的蛋糕坯时，会使用麸质含量极少的超低筋面粉。市面上有家庭用小包装的超低筋面粉，大家可以选用。为了做出口感润滑、入口即化的优质蛋糕坯，请选择合适的小麦粉。

●特宝笠（增田制粉所）
颗粒细腻、气泡坚韧的超低筋面粉（用于原味蛋糕卷、柑橘蛋糕卷、草莓果酱蛋糕卷）。

●日清制粉（Violet）/日本制粉（Heart）
可以广泛利用的低筋面粉（用于苹果枫糖蛋糕卷、抹茶蛋糕卷、圣诞树干蛋糕卷、春色满园蛋糕卷）。

●日清制粉（Super Violet）
蛋白质含量较少，成品质地轻盈（用于枫糖蛋糕卷、奶油奶酪蛋糕卷、红色蛋糕卷、杏仁糖蛋糕卷）。

●日本制粉（Monterey）
质地润滑、存在感浓厚，并且入口即化。成品蛋糕坯在切割后也难以变形，适用于对外形要求高的甜点（用于伊予柑橘蛋糕卷）。

砂糖

使用砂糖的目的，不仅在于增加香甜的味道。砂糖具备让面糊更加蓬松润滑、外观亮泽、颜色浓郁、抑制变质的特性。更为重要的是，砂糖能够提高蛋白的打发能力。蛋白中加入砂糖以后，打发效果和打发后的稳定性均有所提高，而且成品的蛋白霜质地会更加细腻。但是加入砂糖的时机非常重要！太早，会妨碍蛋白打发。为了防止这个问题出现，我们可以单独打制蛋白，到了已经略起泡沫的状态以后再加入部分砂糖，然后继续把蛋白泡沫打得更细腻，再分几次加入剩余的砂糖。使用电动搅拌器的时候，由于其力道较大，很容易错过加入砂糖的最好时机。如果这样，也可以在一开始就加入砂糖后再开始搅拌。砂糖也有很多种类，每一种的形状和风味都有区别。甜点师会根据不同用途，在若干种砂糖中有选择性地使用。我们选择最基本的细砂糖就可以了。

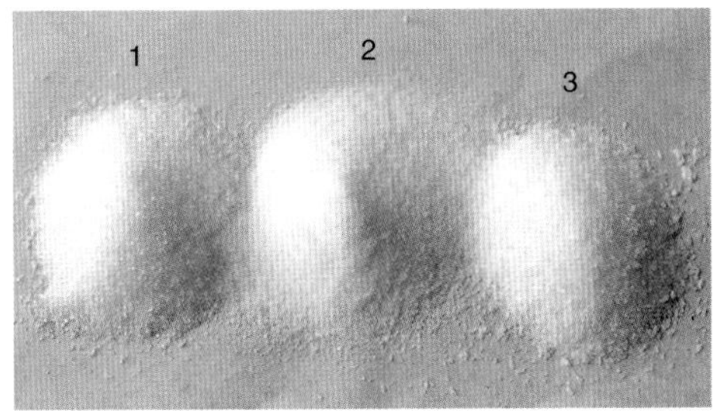

1 细砂糖
松散的颗粒状，便于称量。可以不过筛直接食用。由于制作工艺精细，没有异味，具备清爽的甜味。

2 超细砂糖
比通常的细砂糖更加细腻的甜点专用砂糖。甚至有的超细砂糖颗粒直径仅为普通细砂糖颗粒的1/8。易于溶解在冷水或黄油中。

3 蔗糖
利用酵素从土豆等食材中分解出淀粉，然后加工而成的天然糖质。保湿性能良好，甜度约为砂糖的45%。与砂糖一起使用，可以让甜点更加润滑，营造轻盈而甜蜜的口感。

淡奶油

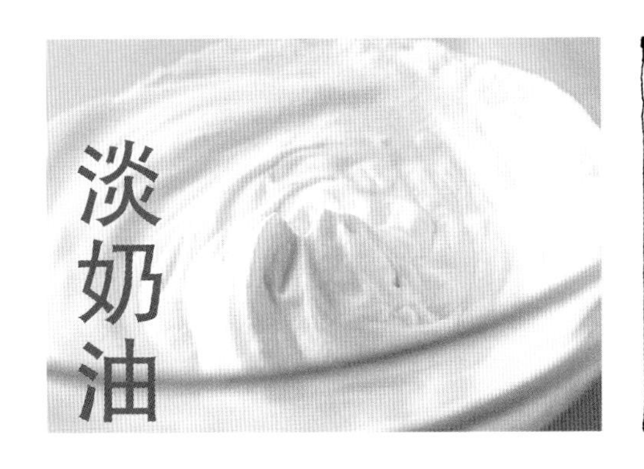

淡奶油市场已经略具规模，从乳脂肪含量20%到47%的各种产品琳琅满目。最近，市面上还出现了混合了植物性脂肪的淡奶油和仅以植物性油脂为原材料的产品。这些产品与100%牛奶制作的淡奶油相比，风味和口感必然有一定差距。但另一方面，这样的产品具备表面不易干燥、形状不容易坍塌的优势。制作甜点时，通常使用35%以上的淡奶油。但是根据个人喜好和制作目的，也可以自由选择。淡奶油中的乳脂肪含量越多，味道就越醇香，所以应该优选高脂肪含量的淡奶油，但别忘了保持好与其他材料之间的平衡。

黄油

黄油可以分为“有盐黄油”和完全不含盐分的“无盐黄油”。制作甜点时，原则上应该使用无盐黄油，只有特殊场合才需要限量加入一点儿盐。本书中涉及黄油的食谱，包括舒芙蕾面糊（P.69、P.74）和黄油酱。当黄油酱在口中融化的时候，独特的芳香会四下溢开，这是因为天然黄油当中包含300种以上的芳香成分。但是黄油很容易氧化，一旦氧化味道就会流失，所以请一定尽早使用。保存期间，应该密封保存在冰箱里。如果需要长期保存，则应放进冷冻室。

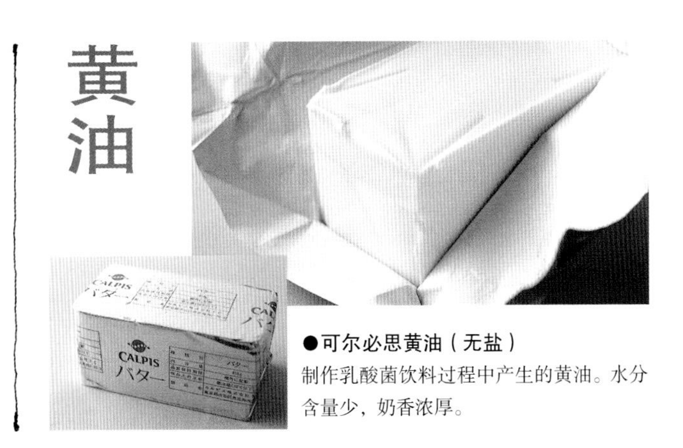

●可尔必思黄油（无盐）
制作乳酸菌饮料过程中产生的黄油。水分含量少，奶香浓厚。

3 事前准备

把所有必要的工具都准备好以后，下一步就要开始进行操作前的准备了。为了确保甜点制作的每一个步骤都衔接无误，最终完成美味的蛋糕卷，这个过程要一步一步地落实好。

首先从正确称量开始

因为家庭制作时，每种材料所需分量很少，所以仅仅几克的误差就能改变膨胀效果，影响最终味道。正确仔细地称量原材料，是成功避免失败的第一步。本书中的原材料重量均以g为单位，这是因为每个鸡蛋的大小都不一样，如果用个数或者容量表示，就会产生微妙的差异。而且统一换算成g，使用的工具也能整齐划一，从而减少称量时候的手忙脚乱。称量结束以后，操作更需要仔细小心。特别是转移到其他容器的时候，尽量不要有剩余。

称量整个鸡蛋

称量整个鸡蛋的时候，可以把鸡蛋打成蛋液以后再进行称量。但是使用整个鸡蛋时，大小不同会导致蛋白和蛋黄的比例有差异。所以食谱中标明了鸡蛋的大小，仅供参考。

鸡蛋和黄油要恢复至常温

材料的温度也是影响甜品制作的重要因素之一。制作面糊时，如果使用刚刚从冰箱里取出的鸡蛋，就很难打出理想的泡沫。而黄油，恢复到柔软的状态至少需要1小时的时间。从想要做蛋糕卷的时候开始，就应该从冰箱里取出鸡蛋和黄油，使其恢复室温状态。在时间有限的情况下，可以把黄油切成1cm左右的小块，然后放进微波炉中加热10秒钟。但是，请注意千万不要加热过度。与此相反，淡奶油必须要保持冰凉的状态。否则，就无法打出理想的蛋白霜，也非常容易出现油水分离的问题。所以称出必要的分量以后，请及时放回冰箱中，使用前再取出。

奶油状黄油

从冰箱中取出黄油以后，放置在正常室温环境中使其软化。在室温环境中放置1小时以后（也存在季节因素），手指可以压出印痕即可。

面粉过筛

面粉称量之后务必过筛。这样做的目的不仅仅是为了去除异物，也是为了把面粉均匀地分散开，使空气均匀地混入。面粉过筛后，揉出的面糊质地更加细腻柔和，基本没有结块。可以在下面铺一张大一点儿的纸，用网眼细小的万能过滤器，从20~30cm的高度过滤2~3次。如果使用之前还要放置很长时间，那就需要在使用前再筛一次。如果把若干种面粉混合在一起，更应该把盆内的多种面粉放在一起再次过筛一次，使其充分均匀分散。

面粉过筛方法

前后左右晃动筛子，轻轻敲打筛子侧面让面粉落下来。

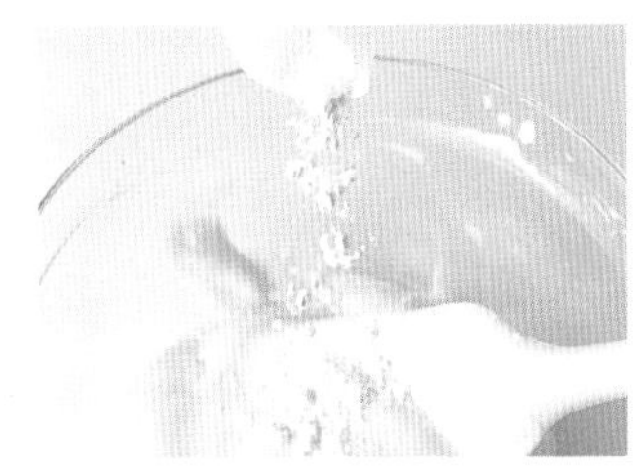

加入面粉

把铺在下面的纸对折，拎起过筛之后的面粉，然后从靠近盆边缘的位置把面粉散落着倒入盆中。

把烘焙纸铺在烤盘中

为了便于烘焙出炉之后取出蛋糕坯，可以在烤盘上提前铺好烘焙纸。面糊做好以后，必须马上倒进烤盘里开始烘焙，所以一定要在开始制作之前准备好烤盘。下面，介绍最基本的铺纸方法。其他个别情况，可以参考食谱中的具体方法。关于纸张的介绍，请参考P.7的内容。

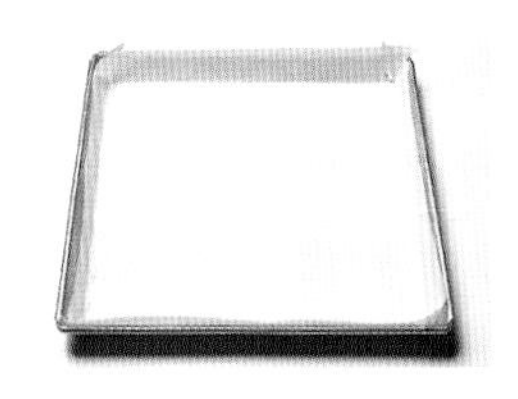

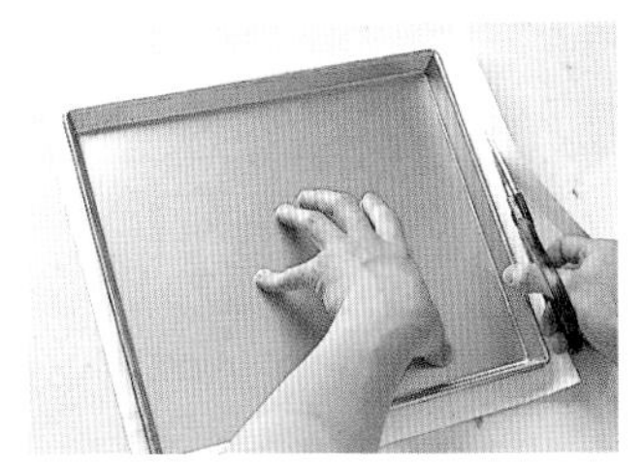

1 算上烤盘立面的部分，把烘焙纸剪得大一些。

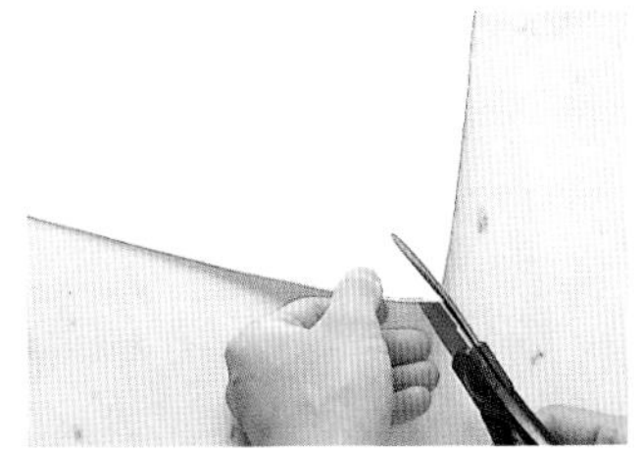

2 在四角斜着剪开深一些的切口。

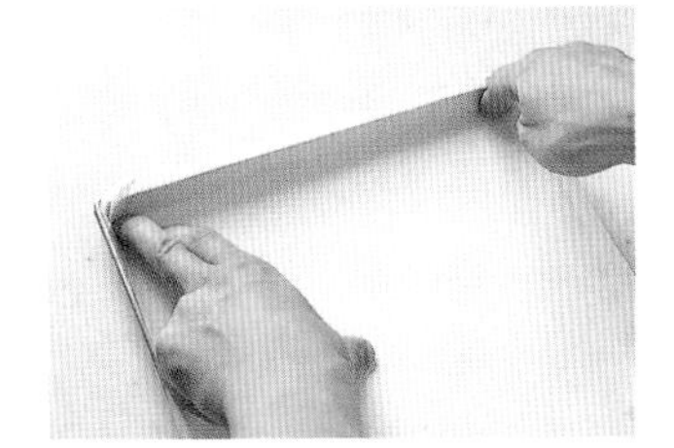

3 如图折出印痕，然后把剪开的切口重叠在一起铺进去，尽可能不要产生褶皱。

烤箱预热

因为面糊做好以后，需要立即放入烤箱进行烘焙，所以需要至少提前30分钟预热烤箱。如果临近使用前才加热烤箱，烤炉内的温度难以充分上升，会影响烘焙效果。即使调高烤箱温度，也只能造成烤炉内表面温度高，但整体环境温度不够的状态，也就是说热量还是不够。我们不仅需要来自热源的温度，还需要烤炉所有内面都能传递出均等的温度，这样才能给面糊施加均匀的热量。而且，打开烤箱门的一瞬间热量也会一口气全都跑掉。特别是体积较小的家用烤箱，温度更会急剧下降。因此本书中设定的预热温度，都比实际烘焙温度高20℃左右。放入面糊以后，请调低烘焙温度。而且请一定不要在烘焙过程中打开烤箱门。无论如何都需要开门的时候，请在烘焙时间已经过了2/3以后再开门。如果开门时间太早，会导致面糊凹陷，膨胀不起来。另外，如果制作工艺中有相关的操作，请按照甜点师的指示进行。

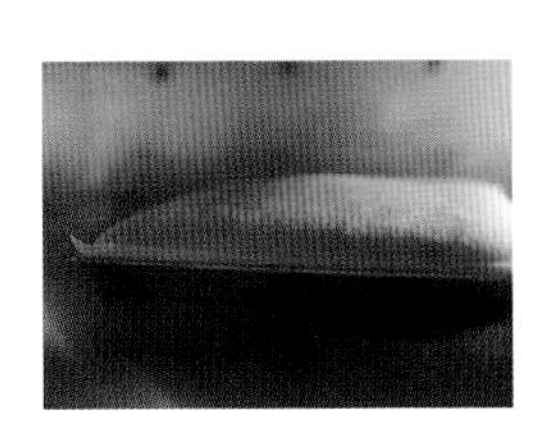

烤箱可以分为电烤箱、燃气烤箱等不同的款式，加热的方式也可以分为上火、下火等不同种类。不论哪一种，都具备自己独一无二的特性。为了烘焙出理想的甜点状态，我们首先需要了解烤箱的特性。本书中提供的烤箱温度和烘焙时间仅为参考值。请在实际烘焙的过程中根据自己烤箱的特性，进行适度调节。

了解蛋糕卷所需的3种面糊

蛋糕卷的面糊看起来都一样，但实际上却存在3种不同的制作工艺。
粗略区分的话，就是杰诺瓦士面糊、舒芙蕾面糊和饼干面糊。
制作之前，先了解这些不同的面糊，才能更容易想象出成品的状态。

杰诺瓦士面糊

蛋黄和蛋白放在一起打制蛋白霜，用这种方法制作的蛋糕坯润滑细嫩。与只用蛋白打制蛋白霜相比，这种方式较难起泡，所以要垫放在40℃左右的热水盆里进行操作。制作杰诺瓦士面糊的时候，鸡蛋和面粉的配比变化会导致成品状态改变。面粉较少时虽然膨胀率更好，但是蛋糕坯会比较粗糙。如果想制作面粉很少、蛋糕坯细腻的蛋糕，就需要让气泡变小。最后加入一点黄油，风味尤增，口感绝佳。

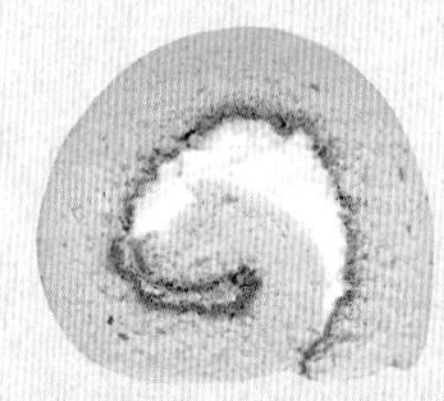

原味蛋糕卷（P.14）
使用麸质较少的低筋面粉，质地非常轻盈，蛋香浓厚。

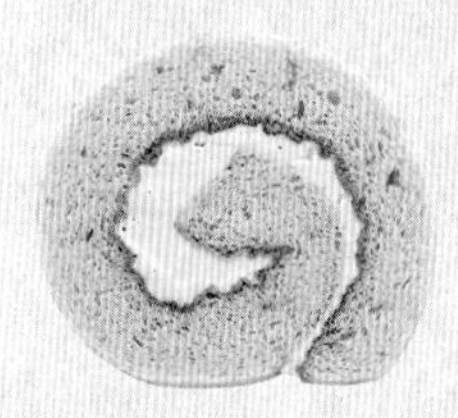

枫糖蛋糕卷（P.26）
加入枫糖烘焙出淡淡茶色。口味独特，醇香四溢。

红色蛋糕卷（P.36）
蛋糕坯中夹着覆盆子果泥，加上烘焙过的核桃来点缀。

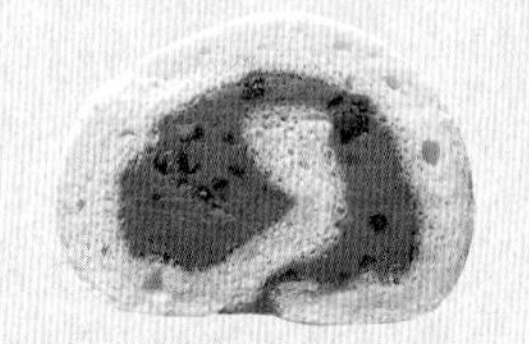

杏仁糖蛋糕卷（P.42）
为了做出质地细腻的蛋糕坯，用牛奶来代替水分。

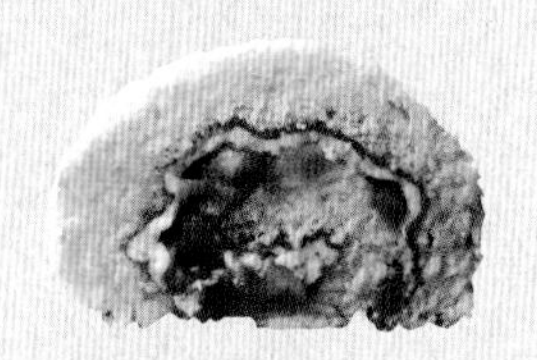

苹果枫糖蛋糕卷（P.52）
不添加黄油和牛奶的传统正宗蛋糕坯。质地柔软细嫩，蛋香浓厚。使用“Violet”面粉。

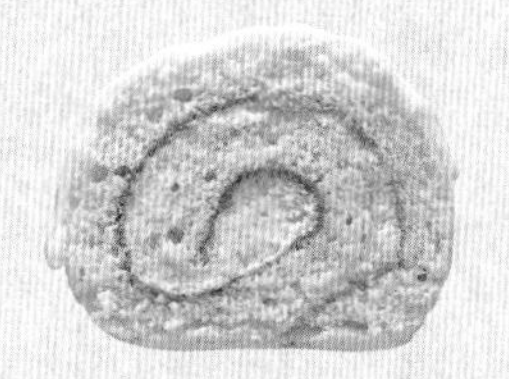

柑橘蛋糕卷（P.58）
使用常被用于卡斯特拉蛋糕的“特宝笠”低筋面粉。特别添加了转化糖和蜂蜜强化蓬松口感。

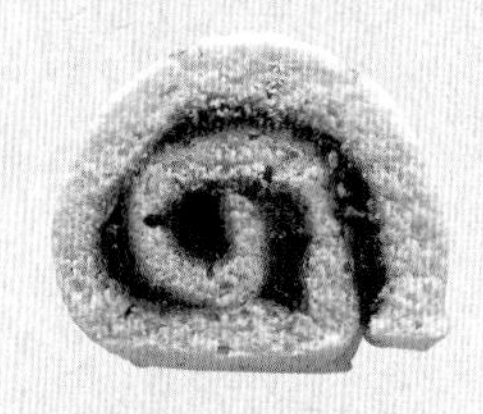

草莓果酱蛋糕卷（P.64）
在“特宝笠”低筋面粉、转化糖和蜂蜜的效果之下，蛋糕坯蓬松细嫩。

舒芙蕾面糊

用黄油翻炒低筋面粉，基础面糊中添加牛奶和蛋黄，最后加入蛋白打制的蛋白霜。与其他种类的面糊相比，几乎感觉不到生面粉的违和感，弹力十足，但入口即化。

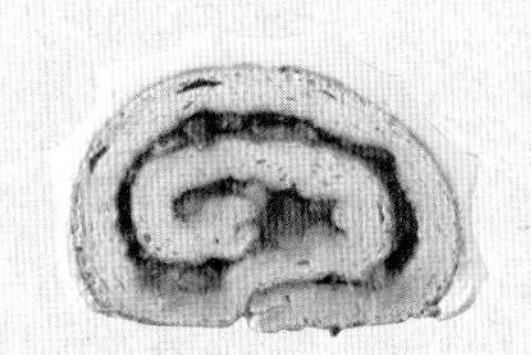

伊予柑橘蛋糕卷（P.66）
使用“Monterey”低筋面粉和高筋面粉。甜蜜口感不亚于果酱，存在感十足，入口即化。

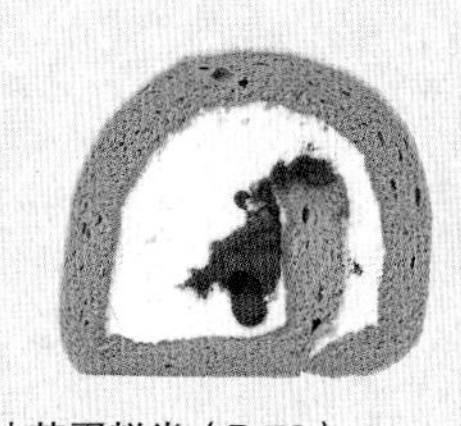

抹茶蛋糕卷（P.72）
用面粉和蛋黄、全蛋制作基础面糊，然后与蛋白霜混合在一起。口感具有独特的弹性。

饼干面糊

饼干（biscuit）的原意是“二次烘焙”，但是不知何时演化成了“二道工序”的意思。现在，这个词通常意味着分开做成的面糊的总称。所以饼干面糊的制作方式，包含把蛋黄和整个鸡蛋混合在一起打制蛋白霜的过程与仅用蛋白打制蛋白霜的过程。这种面糊的与众不同，就在于另外加入了单独打制的蛋白泡沫。因为蛋白中包含了充分的气泡，因此面糊质地轻盈而柔韧。用这种面糊的成品虽然质地略感粗糙，但是能广泛地应用于对吸水性有高要求的各种甜点。

手指饼(Biscuit a la cuiller)

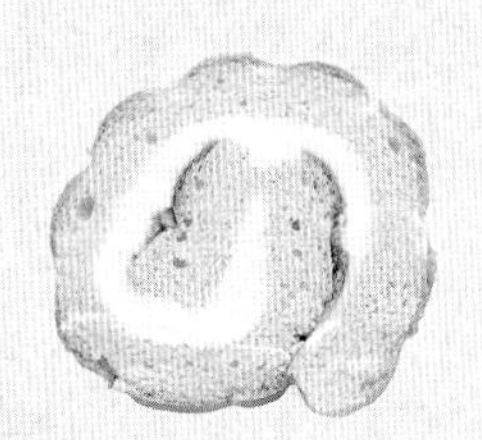

奶油奶酪蛋糕卷（P.32）
蛋白和蛋黄分别打制泡沫，蛋糕卷表面焦甜、内里松软。

春色满园蛋糕卷（P.46）
蛋黄打到轻轻散开的程度，质地略显粗犷的蛋糕坯牢牢地把水果的果汁包裹在里面。

无面粉蛋糕(Biscuit Sans Farine)

可可舒芙蕾蛋糕卷（P.20）
不使用面粉和黄油，用蛋黄打制泡沫、然后与蛋白混合在一起做出细腻的蛋糕坯。隔水烘焙，成品尤为轻巧润滑。

杏仁蛋糕(Biscuit D'amande)

圣诞树干蛋糕卷（P.78）
标准的杏仁蛋糕坯。为了卷出漂亮的蛋糕卷，烘焙时要稍微薄一点儿。

石塚伸吾老师的

原味蛋糕卷

湿润蓬松的蛋糕坯和丝滑流畅的淡奶油组合而成的王牌美味

“原味蛋糕卷”诞生的契机很偶然。1996年“Grand Cru”咖啡店开业半年以后，偶然听熟人提起蛋糕卷。貌似简单的甜品，却是任谁都无法拒绝的美味！这样的甜品不正好适合我的心意吗?

之后，我经历了选材、配料、调整蛋糕坯和奶油的比例的过程。对对错错反反复复，成功之前的道路可谓无比漫长。素材的选择根本无法妥协！鸡蛋要用味道醇厚的，砂糖里要加些蔗糖，味道中除了甜蜜还需要一些柔和。我所期待的原味蛋糕卷，是那种其他店铺绝对无法比拟的，从第一口就能感受到美味的甜点，所以从最初的面粉搅拌开始就倾注了我的热情。选择“特宝笠”面粉的理由，是因为麸质的弹性较小，越搅拌越蓬松。就这样，原味蛋糕卷成了本店的招牌商品，最多的时候1天就卖出过1800份。虽然现在蛋糕卷风潮已过，店门口不再有人排队等待，但是原味蛋糕卷依然是创店的元老级存在。本店开业21年以来，始终没有改变过这款蛋糕卷的材料和配方。只是应客人的要求，多少增加了一点奶油的分量。

为了制作这款朴素而美味的蛋糕卷，配方要精细，选材要严格。特别是鸡蛋，对蛋糕口味有重要的影响，大家尽量选择自己最钟爱的鸡蛋吧！

左右蛋糕坯风味的鸡蛋。本店使用栗驹畜牧场的“AOBA”鸡蛋。

* 右页照片为本店实际销售的产品。为了便于家庭烤箱烘焙，打卷的方式有所不同，但是严格遵守了店铺配方。

材料 ●28cm×28cm的烤盘1个

杰诺瓦士面糊

- 全蛋蛋液…240g（L号鸡蛋4个）
- 细砂糖……110g
- 蔗糖（P.9、P.90）……27g
- 低筋面粉（"特宝笠" P.8）……75g

夹心馅

- 淡奶油（乳脂肪含量35%）……120g
- 细砂糖……7g

准备工具

烘焙纸2张（烤盘用1张、完成用1张）、擀面杖、冰水、抹刀、橡皮刮刀、打蛋器、电动搅拌器、盆

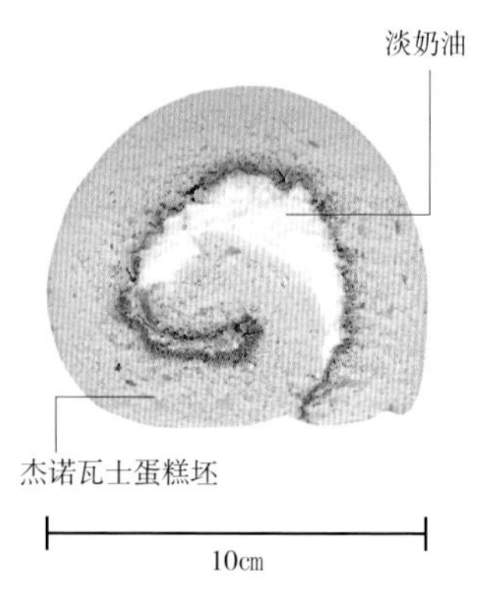

流程

制作杰诺瓦士面糊。

▼

蛋糕坯出炉冷却期间，制作淡奶油。

▼

蛋糕坯冷却后剥掉上面的烘焙纸。

▼

把淡奶油涂抹在蛋糕坯上，卷起来。

▼

放入冰箱冷藏10分钟左右，让蛋糕坯和打发淡奶油更紧实。

推荐品尝时间

成品之后大概需要半天时间，蛋糕坯和打发淡奶油的味道相融合，更加美味。

保存

用烘焙纸包裹起来，然后包上保鲜膜放入冰箱中。

建议

本款甜点仅使用了最小限度的面粉，而最关键的步骤就是搅拌。如果面糊中留有大气泡，蛋糕坯就会在出炉后快速塌陷。为解决这个问题，我们需要搅拌到自我怀疑——"需要搅拌这么久吗"的程度，这样才能让气泡足够细腻。当你觉得"这样就行了吧"的时候，还要再搅拌4~5圈才行。如果真出现蛋糕坯塌陷的现象，就说明搅拌程度不够，那么下一次制作的时候，再多搅拌几下吧！打发淡奶油达到黏稠的糊状即可，如果泡沫打制时间过长，反而会在空气跑掉以后变得口感粗涩沉重。正因为蛋糕卷的材料朴素，才能体现出每一种材料的好坏。

准备

- 鸡蛋放在室温中恢复至常温。
- 在烤盘上铺烘焙纸（P.11）。

- 烤箱预热至200℃。
- 准备用于隔水烘焙的50℃热水。
- 把杰诺瓦士面糊用的细砂糖和蔗糖混合在一起。
- 低筋面粉过筛备用。

制作杰诺瓦士面糊

1

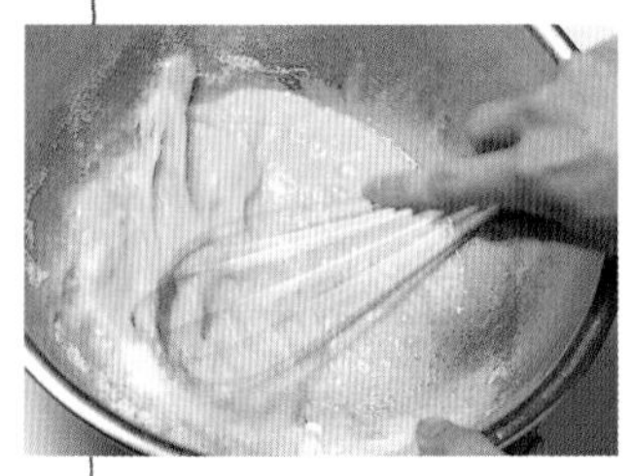

鸡蛋放入盆中，用打蛋器打散。蛋白单独过筛后加入细砂糖与蔗糖的混合糖，轻轻搅拌。

鸡蛋打散后的体积会比想象中更大，需要使用直径为27~30cm的大号深盆。

2

用手指确认温度

锅内放水加热到50℃左右，把1的盆放进来继续打制蛋白泡。当蛋液开始变白，用指尖确认温度。当温度接近人的体温时，就把盆从热水中取出。

打制到3分发的程度时，细砂糖就开始溶解并变得黏稠。黏稠的细砂糖包裹住空气，然后黄色的蛋液渐渐变白。

3

把打蛋器换成电动搅拌器，最高速打制蛋泡。

最高速打制蛋泡的目的，是为了带入更多空气。大大的气泡出现后，蛋液体积也随之增加。

把电动搅拌器提起来的时候，蛋液应该慢慢地流淌下来，叠在一起。所以搅拌应该一直持续到蛋液不会从中间断开的程度。

4

用橡皮刮刀快速搅拌，同时用纸盛起过筛后的低筋面粉撒落下来。

为避免面粉结块，这个步骤可以两人配合进行。

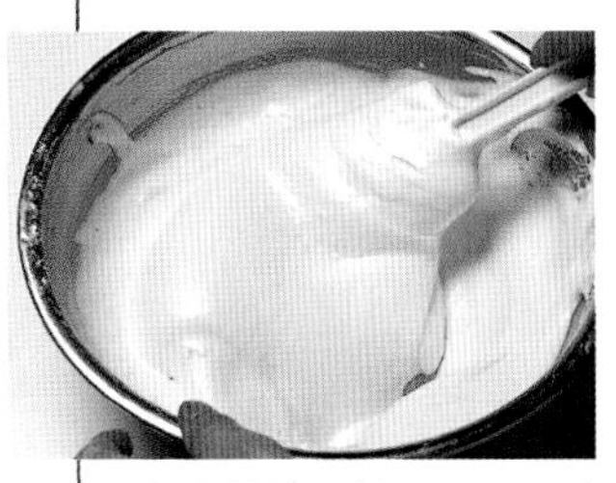

加完低筋面粉以后，左手往前转动小盆，右手用橡皮刮刀从底往上翻动着搅拌面糊。

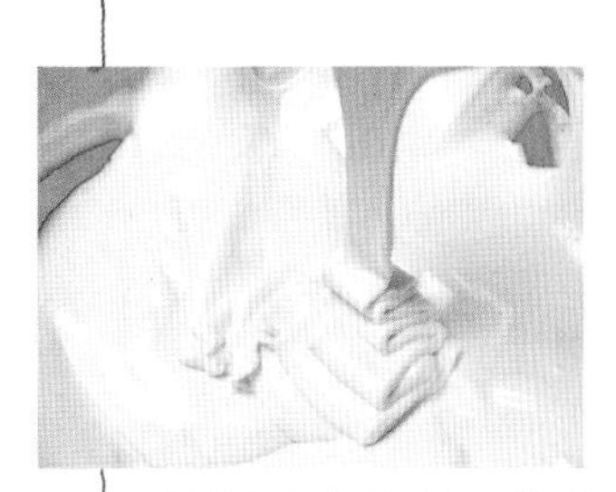

没有生粉状态以后，继续搅拌。提起橡皮刮刀的时候，如果面糊能呈片状流淌下来，并且短暂地留下痕迹时，则还需要搅拌几下才行。

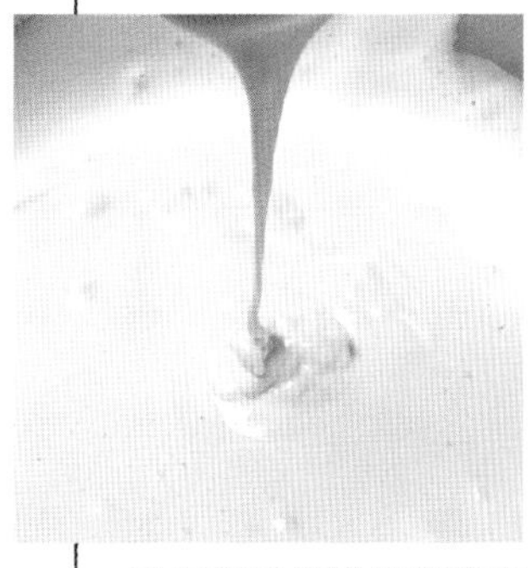

当面糊呈流线型流淌下来，并且痕迹马上消失时，就可以停下来了。

以最高速搅拌，把大气泡转化成不容易破碎的小气泡。如果搅拌不到这样的程度，出炉后的蛋糕坯就容易塌陷。当蛋白泡足够紧实，面糊也到了这个程度时，蛋糕坯才能蓬松可口。

5

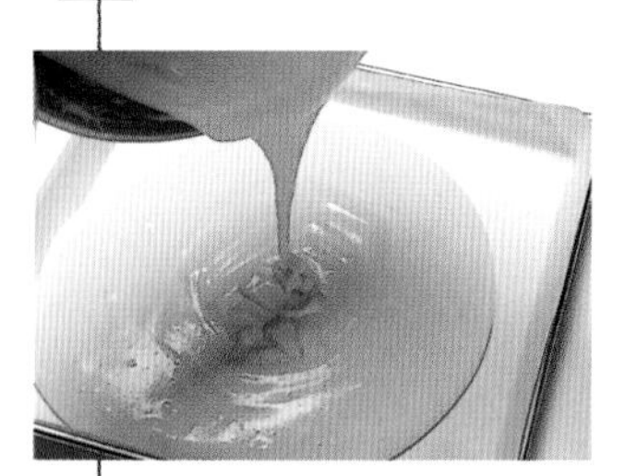

把面糊倒入铺好烘焙纸的烤盘中。

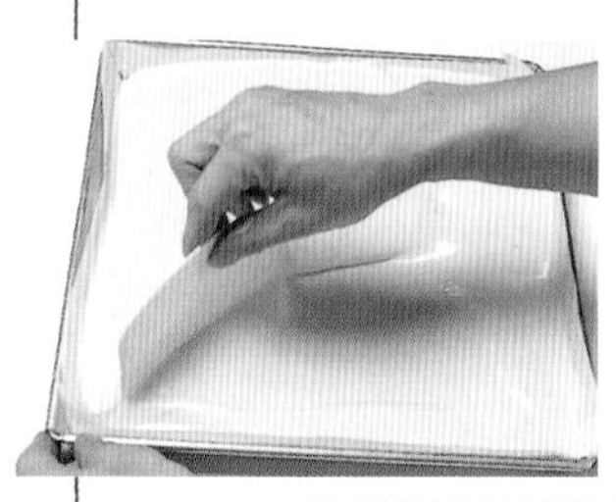

用刮刀把面糊彻底填满4个角以后，再把表面整理平整。

利用刮刀的直线部分，彻底填满烤盘角，不留空隙。

6

放入预热好的烤箱中，设定温度下调到180℃，烘焙11~12分钟。取出后马上使整个烤盘从20cm左右的高度落下来，以便排空蛋糕坯中的热气，防止之后出现坍塌现象。

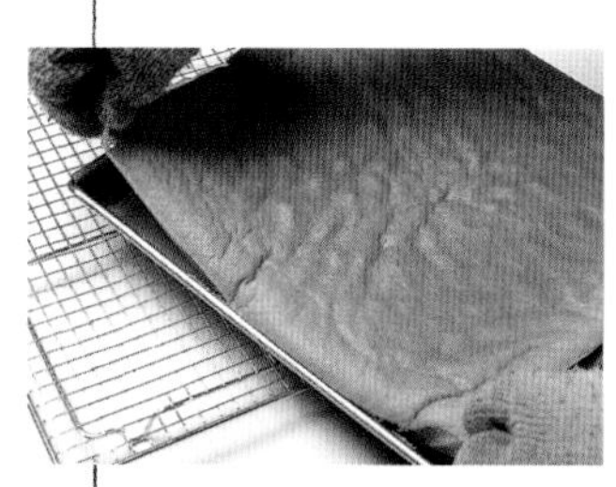

带烘焙纸一起，把蛋糕坯从烤盘中取出来，放在冷却网上冷却。

制作夹心馅

7

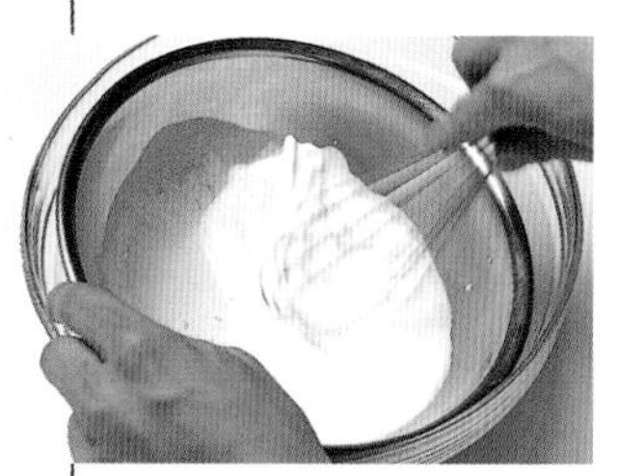

盆内放入淡奶油和细砂糖，垫放在装了冰水的盆中，用打蛋器打发。

不能只让盆底接触冰水，应该让整个盆壁都接触到冰水。

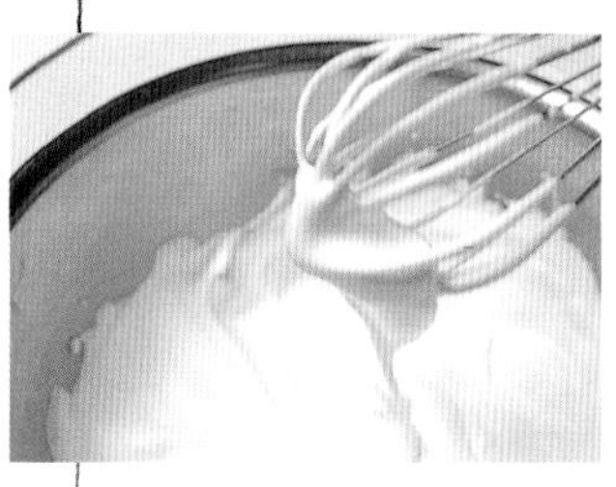

搅拌之后，打蛋器的痕迹能留存一段时间才消失，向上提起打蛋器的时候淡奶油会慢慢流淌下来，达到这样松缓的程度即可。

完成

8

蛋糕坯完全冷却后，先剥掉侧面的烘焙纸。

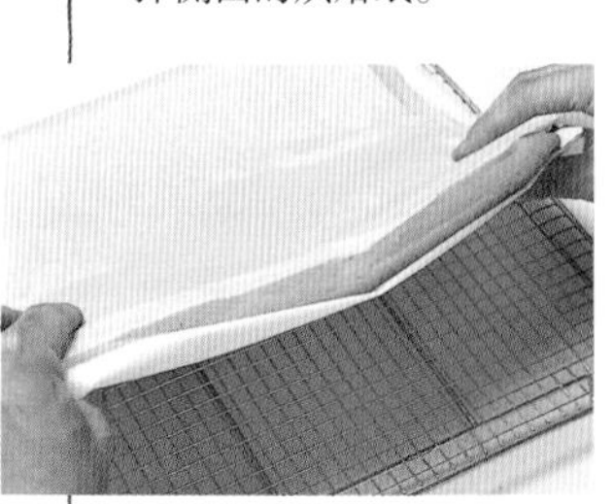

另取一张干净的烘焙纸盖在蛋糕坯上，保证蛋糕坯不折断的前提下反扣过来。

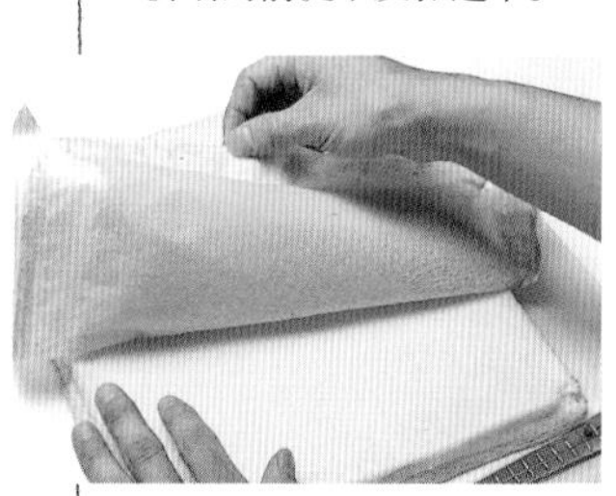

缓缓撕掉粘在蛋糕坯下面的烘焙纸。

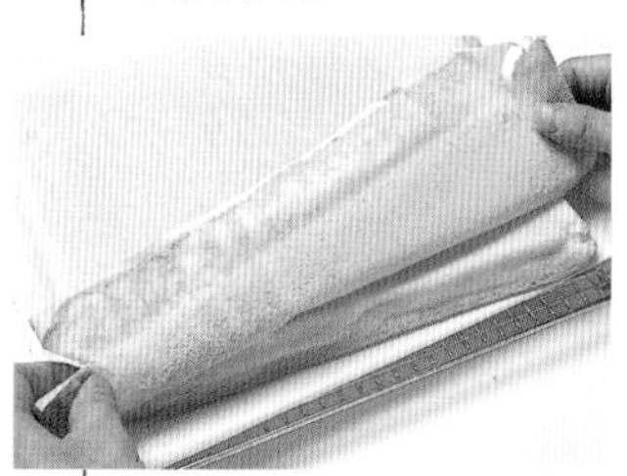

把剥离下来的烘焙纸放到蛋糕坯上，靠近身体一侧探出来8cm左右，然后再带着烘焙纸一起反扣回去。

9

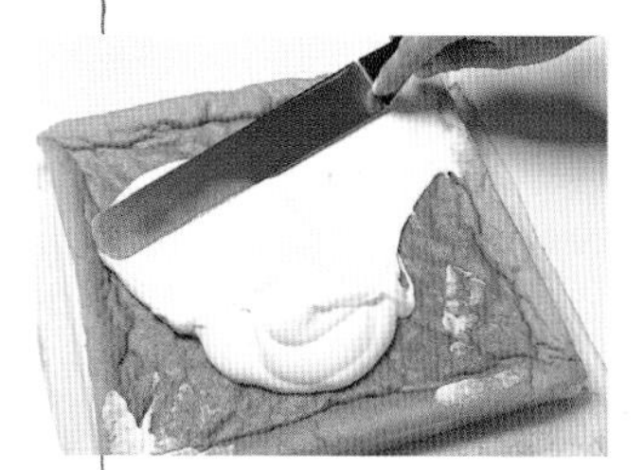

把打发淡奶油放在蛋糕坯中间。用抹刀把打发淡奶油向4个角摊开，注意要把角都涂满，然后再向左右大幅度摊开。

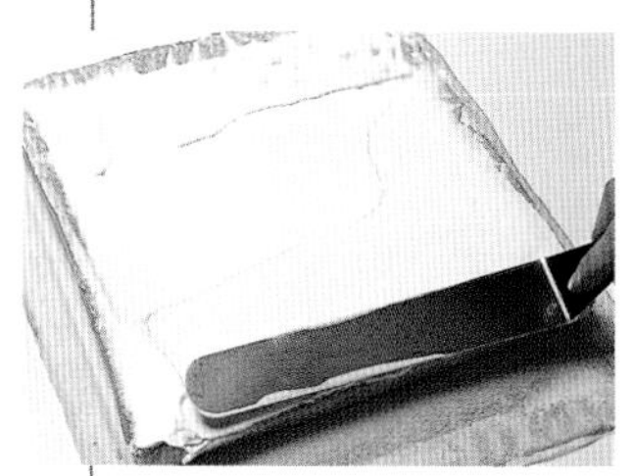

打发淡奶油基本平整以后，让靠近身体一侧稍微厚一些，另一侧稍微薄一些。

10

把擀面杖放在探出到蛋糕坯外面的烘焙纸上，然后同时提起烘焙纸和擀面杖。

灵活运用纸和擀面杖，把靠近身体一侧的蛋糕坯卷起来，制作蛋糕卷的卷芯。稍稍抬起纸和擀面杖，一边让擀面杖向自己身体一侧转动，一边让蛋糕卷芯向另一侧卷过去。

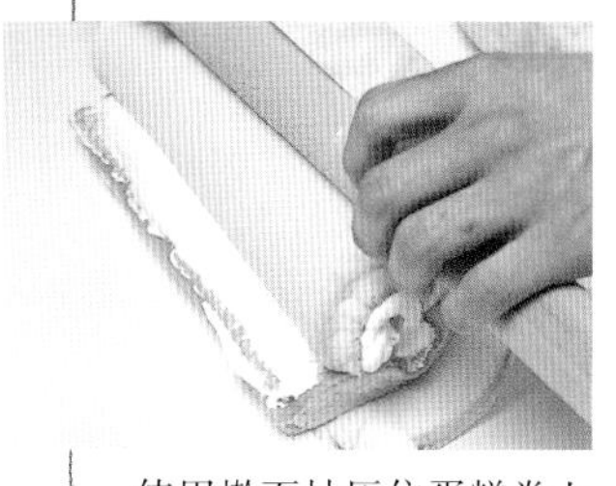

使用擀面杖压住蛋糕卷上面，以此为着力点，借助烘焙纸的力量让蛋糕卷整个卷起来。小心不要碰伤柔软的蛋糕坯，动作应该轻柔缓慢。

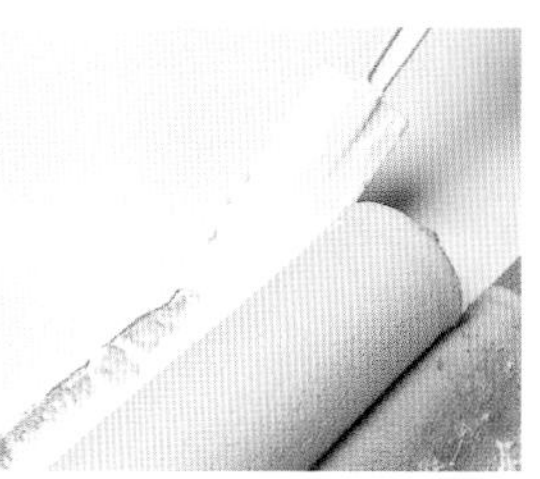

用刮刀抹掉被挤出来的打发淡奶油，卷到最后封口。

11

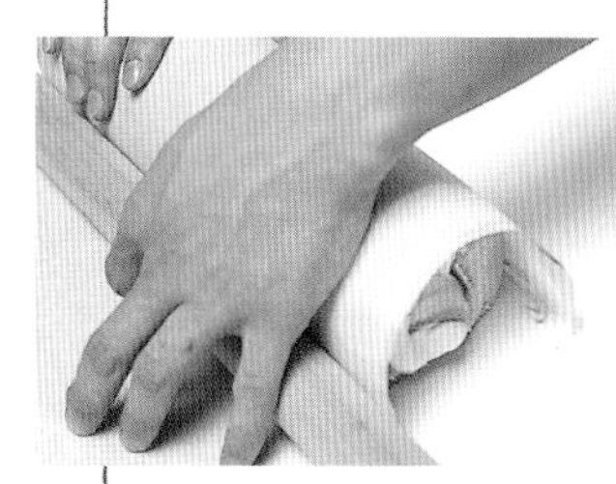

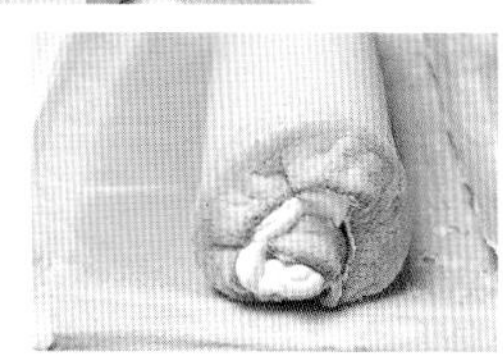

卷好以后，把擀面杖压在烘焙纸上，调整蛋糕卷的松紧和粗细。

用烘焙纸把蛋糕卷包起来，动手轻轻整理外形，然后把蛋糕卷的封口部分朝下，放入冰箱中冷藏10分钟左右。

完成

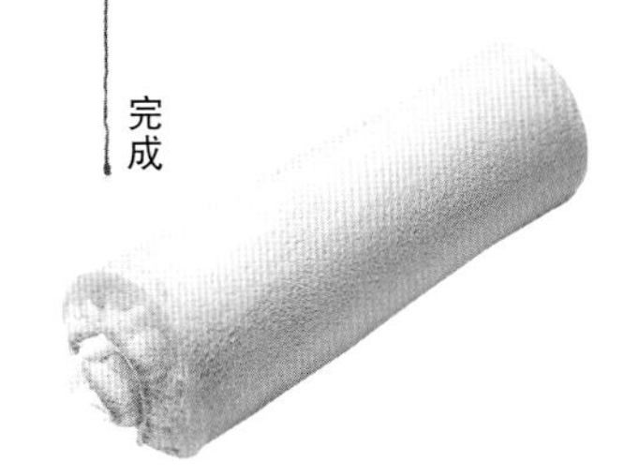

无面粉蛋糕坯+淡奶油

小川忠贞老师的

可可舒芙蕾

舒芙蕾的轻巧口感与可可的香浓味道，
与打发淡奶油融合在一起。

在我小时候，父亲常常会在餐后神奇地端出一小块可可舒芙蕾让我们品尝。这么算来，也有50多年的历史了。客户的评价一直很好，所以我们就把零售用的小号舒芙蕾扩大，创作了这一款蛋糕卷。但是，虽然制作方法和面糊配方相同，老顾客还是会说：“还是以前的小号舒芙蕾好吃啊！”真是不可思议。

这款可可舒芙蕾的蛋糕坯灵感，来自餐厅甜点的热舒芙蕾手法。把舒芙蕾的面糊倒进烤盘里，薄薄摊开，然后隔水烘焙。用这种蛋糕坯来卷打发淡奶油，怕是有史以来的第一次尝试呢。隔水烘焙的好处在于，能确保面糊轻盈的质地。但一旦卷成蛋糕卷，就会丧失蛋糕坯原本的柔软程度。所以我们放弃面粉，仅用蛋液泡沫来制作蛋糕坯。想在这种蛋糕坯最美好的状态下塑造出蛋糕的形状，也非蛋糕卷莫属了。因为如果是常规蛋糕的形状，就需要蛋糕坯—打发淡奶油—蛋糕坯—打发淡奶油一层一层重叠起来，蛋糕坯难免会因不够坚韧而坍塌下去。

决定蛋糕坯味道的重点在于导入空气的方式、泡沫的状态。在法语里，泡沫叫作“慕斯”，慕斯起到了味道润滑油的重要作用。另一个重点是搅拌方式。由于其重要程度，我们需要用手指确认泡沫的状态，然后判断出非常微妙的搅拌时间。如果搅拌得恰到好处，那么烘焙出炉后的蛋糕坯绝对不会分层，而且还会具有入口即化的美味口感。

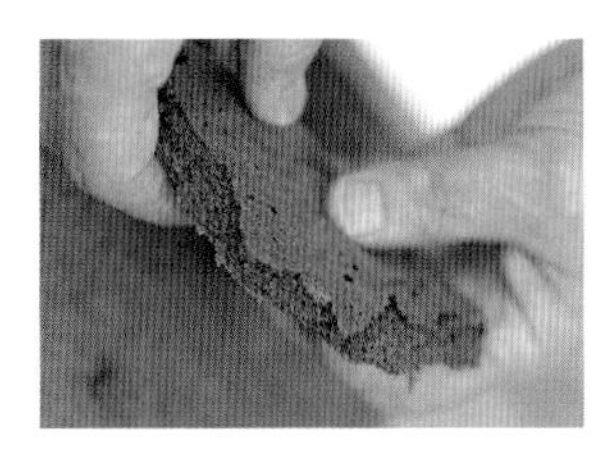

不使用小麦粉的蛋糕坯非常松软，蕴藏着绝妙的口感。

材料 ●28cm×28cm的烤盘1个

可可口味的舒芙蕾面糊

（无面粉面糊）

A
- 蛋黄……100g（约5个）
- 蛋白……33g（M号鸡蛋约1个）
- 细砂糖……50g

B
- 蛋白……120g（M号鸡蛋约4个）
- 细砂糖……50g

- 可可块（P.90）……33g
- 可可粉（P.90）……13g

糖浆

- 水……75g
- 绵白糖……50g

夹心馅

- 淡奶油（乳脂肪含量45%）……120g
- 细砂糖……12g

准备工具

隔水烘焙用烤盘、烘焙专用烤盘、铝箔、烘焙纸4张（烤盘用2张、完成用2张）、大不粘布、擀面杖、茶滤、刷子、锅、电动搅拌器、刮板、抹刀、刮刀、碗、切刀

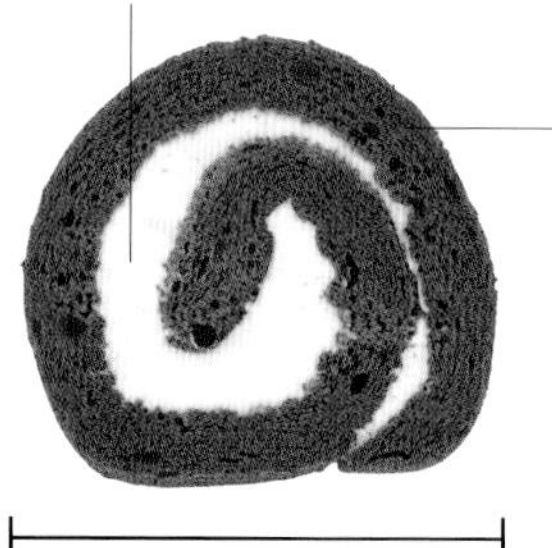

建议

这款甜点的面糊制作工艺非常精细，除打发外几乎都是用手来操作的。因为那些细腻的感受是无法通过刮刀传递的，只能用手直接接触面糊来确认，然后调整下一步的具体操作。您恐怕会感到困惑，但确实没有比手更加精良的工具。烘焙出炉的蛋糕坯薄厚不同，因此需要结合蛋糕坯的厚度调整蛋糕卷的粗细和涂夹心馅的方法。最后用擀面杖和烘焙纸一气呵成地紧紧裹起来，让整体形状均匀。

流程

制作可可口味的舒芙蕾面糊。

▼

蛋糕坯出炉冷却期间，制作打发淡奶油。

▼

蛋糕坯冷却后剥掉上面的烘焙纸。

▼

把打发淡奶油涂抹在蛋糕坯上，卷起来。

▼

放入冰箱冷藏10分钟左右，稳定蛋糕卷的形状。

▼

使其吸收糖浆。

推荐品尝时间

完成后尽早食用。

保存

冷藏保存1日。

准备

- 鸡蛋放在室温中恢复至常温。
- 制作糖浆。锅内放入指定分量的水和绵白糖，溶解后自然冷却。
- 在烘焙专用烤盘上铺2张烘焙纸（P.11）。其中一张根据烤盘大小，剪开四角折痕以后铺进去。另一张烘焙纸的大小要比烤盘边缘大出3cm左右，四角的折痕剪得略深一些，然后铺在刚才那张烘焙纸上面。立面与底面中间折痕压实，四角吻合平整。

- 烤箱预热至250℃。
- 准备用于隔水烘焙的热水。
- 把可可块细细打碎。
- 用茶滤过滤可可粉后备用。

制作可可口味的舒芙蕾面糊

（无面粉面糊）

1

将打碎的可可块装入小盆中，隔热水使其融化。然后一直保温至使用前。

可可块加热过度会出现分离现象，所以请始终保持人体体温即可。

2 把A装入大盆中，以电动搅拌器最高速打发。

圆圈状移动电动搅拌器。完成时的状态应该是蛋糊可以从上面片状流淌下来，而且还会堆积出痕迹。

3

另取一碗，装入B。同样用电动搅拌器最高速打发。完成时的状态，应该是蛋白霜上面出现小犄角。

如果蛋白霜过于坚挺，与2的蛋糊相结合的时候很容易出现蛋白霜结块。

4

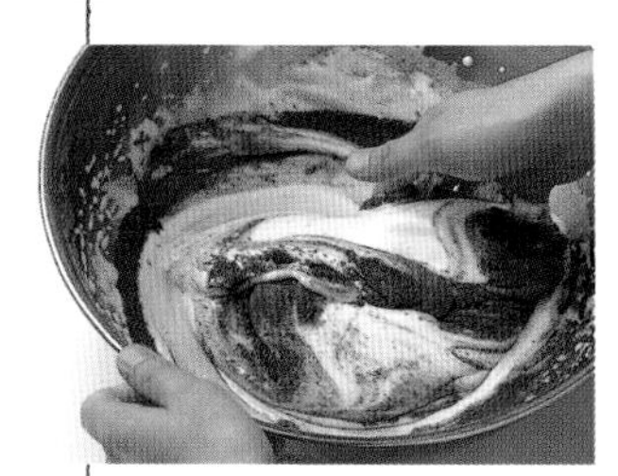

把可可粉加入2中，用手轻轻划开。从下向上提起蛋糊，搅拌得整体蓬松。

5

仍然留有可可粉的干粉状也没关系，缓慢倒入1的可可块液体，然后用手混合均匀。

这个步骤最好两人配合进行。一人负责混合、另外一人负责缓缓倒入可可块液体。

6

用手在3的蛋白霜里轻轻画圈，整理好气泡的状态以后，加入1勺5的材料，轻轻混合。

加入剩余的蛋白霜，混合搅拌至蛋白霜消失不见。小心不要让气泡破碎。

7

把混合好的材料倒入烤盘中央，用手摊平。厚度为2cm左右。

挂在盆底和盆壁上的材料里的气泡已经破碎，无法烘焙出良好的蛋糕坯，所以虽然很浪费，但不可使用。

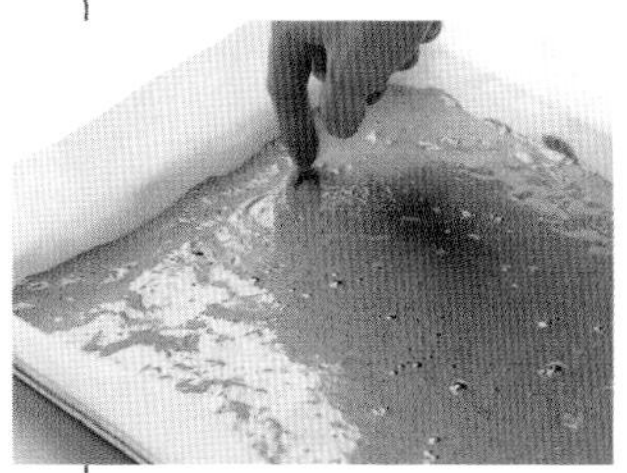

用手指搅拌，让气泡均匀。

用手指感知材料中哪里有大气泡，哪里有小气泡。

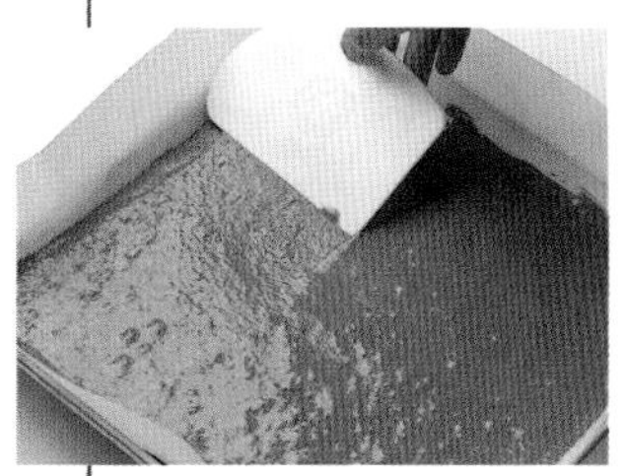

用刮板在每一边分别做一次刮平处理。

尽量不要碰触到中心部位。刮板与材料之间应该保持30°的倾斜，像轻轻抚摸一样移动。刮平一边以后，烤盘旋转90°，然后处理下一个边。

8

在盛热水的烤盘中，加入约2cm的热水，然后把盛了蛋糕坯材料的烤盘放在里面，上面盖好铝箔。

放入预热好的烤箱中，温度下调到230℃，隔水烘焙。18分钟以后撤掉热水盘，取下铝箔后继续烘焙2分钟。出炉后，带托盘一起放在冷却网上，初步冷却后放入冰箱冷藏10分钟。

制作夹心馅

9

碗中装入淡奶油和细砂糖，以电动搅拌器中速打发出松散的程度。

> 参考柔软程度：提起来的时候打发淡奶油会线状流淌下来。如果继续搅拌，会搅拌过度。

成品

10

把大不粘布铺在台面上，然后再铺一张烘焙纸。带着烘焙纸，把蛋糕坯从烤盘中取出，摘掉侧面的烘焙纸。

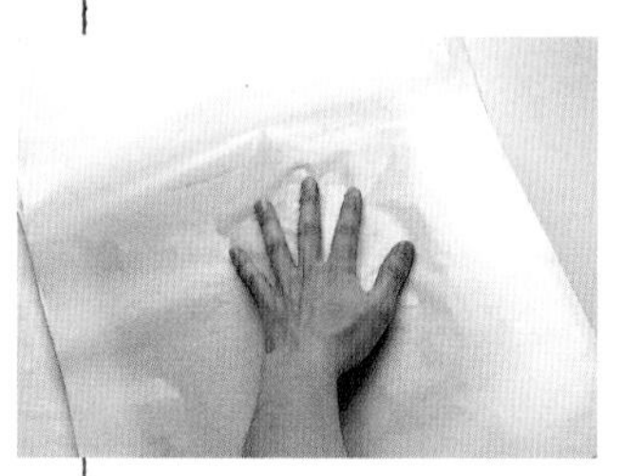

把另外一张烘焙纸盖在上面，保证蛋糕坯不折断的前提下反扣过来。

缓缓撕掉粘在蛋糕坯下面的烘焙纸。把完整的烘焙纸重新盖在蛋糕坯上，再次反扣过来。这是为了卷成蛋糕卷以后，烘焙纸干净的一面朝外。

> 蛋糕坯边缘部分的烘焙纸很容易破掉，所以请特别小心地操作。

11

用刷子蘸取半量糖浆，像敲击一样“砰砰”地拍打在蛋糕坯表面。

12

把打发淡奶油放在蛋糕坯中间。用抹刀把打发淡奶油向4个角摊开，注意要把角都涂满。

然后再向左右大幅度摊开，待基本平整以后，让靠近身体一侧稍微厚一些，另一侧稍微薄一些。这样卷出来的成品会更漂亮。

13

作为卷芯的基础，可以用刮刀在靠近身体一侧的蛋糕坯边缘2cm左右划出一条痕迹。

把擀面杖放在蛋糕坯下垫着的烘焙纸下面，然后同时提起烘焙纸和擀面杖。从蛋糕坯边缘2cm的痕迹处折起来，卷出蛋糕卷芯。

一边让擀面杖向自己身体一侧转动，一边把烘焙纸卷在擀面杖上。同时，慢慢向前推动蛋糕卷芯。

这样的操作方法，可以无须按压，所以不会给蛋糕坯造成任何伤害。

14

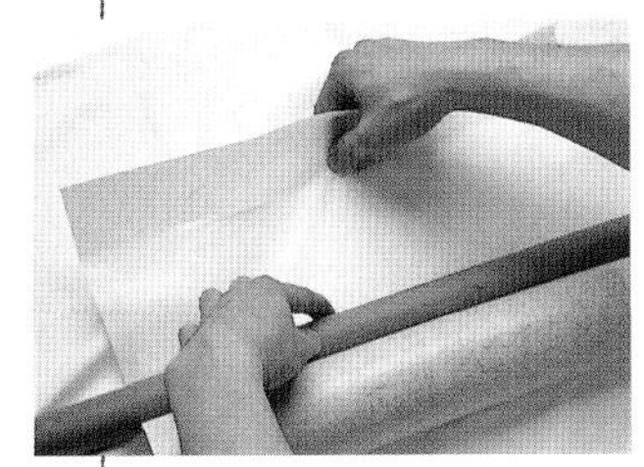

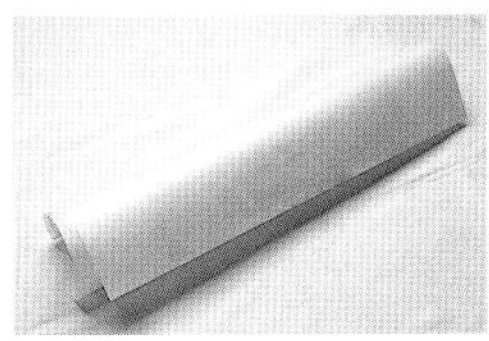

卷好以后，把靠近身体一侧的烘焙纸与对面的烘焙纸叠在一起，从上面用擀面杖稍稍整理蛋糕卷外形。这个步骤可以调整蛋糕卷的松紧和粗细差异，然后用烘焙纸把蛋糕卷包起来，动手轻轻整理外形。最后把蛋糕卷的封口部分朝下，放入冰箱中冷藏10分钟左右。冷藏过程中，蛋糕坯和打发淡奶油会结合得更加紧密。

15

从冰箱中取出以后，摘掉烘焙纸，用刷子把剩余的糖浆“砰砰”地拍打在蛋糕卷上。

完成

为了切出美观的效果

用来切蛋糕卷的切刀，应该先用热水加热，擦干表面水分以后再使用。首先切掉两端的部分，然后从端部开始每隔3cm（便于食用）划出一条印痕。再用手指轻轻扶在印痕两边，快速用刀切下去。一气呵成才能切出美妙的切口。

每切一次，都需要重新擦拭切刀。用热水加热，擦干表面水分以后再使用。

安食雄二老师的

枫糖蛋糕卷

枫糖口味的蓬松蛋糕坯，包裹着口味优雅的枫糖淡奶油。

蛋糕卷的魅力，一语概括就在于其朴素单纯。无论使用多么奢华的食材，一口咬进嘴里也可以感受到神清气爽。换言之，这是一款永远轻便美味的甜点——这也正是蛋糕卷在我心里的位置。所以我不会在蛋糕出炉后另外涂抹淡奶油卷起来。蛋糕卷，只需要蛋糕坯和淡奶油。貌似简便易行，实则过程烦琐，因为越是简单的食材就越无法隐藏，绝对需要调整好蛋糕坯和淡奶油的比例才行。

本书中介绍的2款蛋糕卷，是我反复尝试多次以后推出的产品。枫糖蛋糕卷的亮点在于蛋糕坯里还有枫糖小颗粒，里面蕴含了我的一番功夫。奶油奶酪蛋糕卷的夹心馅里，直接包含了奶酪蛋糕的制作手法。现在，本店每个季节都会推出1~2款应季蛋糕卷，但其中从未动摇过的就是裹了淡奶油的“安食蛋糕卷”。我在制作蛋糕卷的时候，常常想想那种“每个人都会喜欢的味道”——老爷爷、老奶奶和小宝宝都会喜欢的味道。这种朴素真实的美味，就是我所追求的理想蛋糕卷。

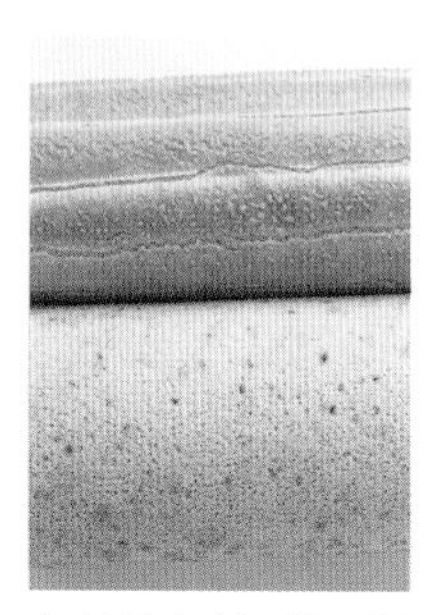

各具特色的2种蛋糕坯。下：枫糖蛋糕卷。上（P.32）：奶油奶酪蛋糕卷

材料 ●28cm×28cm的烤盘1个

枫糖口味的杰诺瓦士面糊

- 全蛋蛋液…193g（M号鸡蛋约4个）
- 蛋黄……23g（约1个）
- 细砂糖（细粒）……102g
- 枫糖①（P.90）……18g
- 低筋面粉（"Super Violet" P.8）……65g
- 淡奶油（乳脂肪含量42%）……18g
- 枫糖②……7g

夹心馅

- 枫糖
  - 细砂糖（细粒）……70g
  - 淡奶油①（乳脂肪含量42%）……100g
- 淡奶油②（乳脂肪含量42%）……113g

准备工具

烘焙纸2张（烤盘用1张、完成用1张）、毛巾、格尺、冰水、电动搅拌器、耐热碗、橡皮刮刀、刮板、保鲜膜、小奶锅

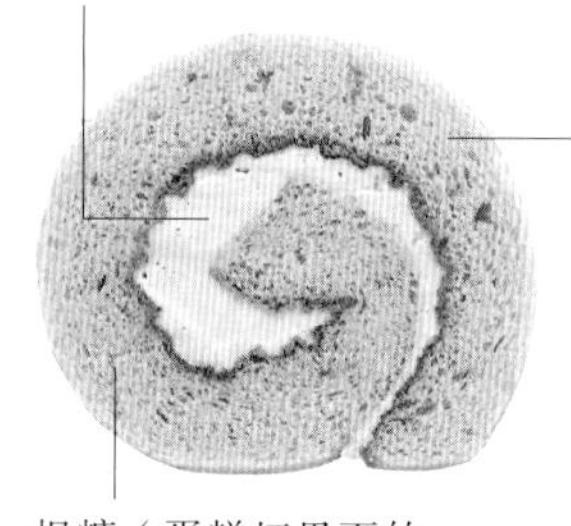

流程

制作枫糖口味的杰诺瓦士面糊，烘焙。

▼

蛋糕坯出炉冷却期间，制作枫糖淡奶油。

▼

蛋糕坯冷却后剥掉上面的烘焙纸。

▼

把枫糖淡奶油涂抹在蛋糕坯上，卷起来。

▼

放入冰箱冷藏10分钟左右，让蛋糕坯和淡奶油更紧实。

推荐品尝时间

完成后尽早食用。

保存

冷藏保存1日。

准备

- ●鸡蛋放在室温中恢复至常温。
- ●在烤盘上铺烘焙纸（P.11）。

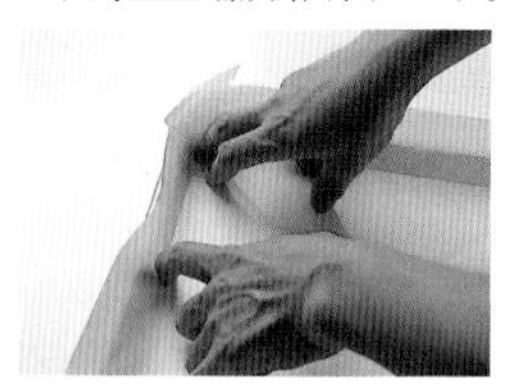

- ●烤箱预热至210℃。
- ●低筋面粉过筛备用。

建议

如果想打发出状态理想的蛋白霜，需要在后半段把电动搅拌器调整到低速，直到气泡均匀细腻为止，请一直坚持不慌不忙地打发。因为每种材料都很朴素，所以需要在每一道环节上都下功夫。控制夹心馅中的枫糖分量，只要出现枫糖香，而且还几乎感觉不到枫糖甜味的时候，就是刚刚好的时候。这样的枫糖淡奶油涂在蛋糕坯里，会出现令人惊喜的味道。剩下的枫糖可以保存一段时间，也可以加在冰淇淋或酸奶中食用。

制作枫糖口味的杰诺瓦士面糊

1

鸡蛋与蛋黄放入耐热碗中轻轻打散，加入细砂糖和枫糖①搅拌。搅拌均匀后从碗底加热，一边搅拌一边升温至30℃

手指伸入蛋液中测温，略低于人体温度即可。也可以放在热水上面使其升温。

2

温热后从火上取下来，用电动搅拌器中速打发。

电动搅拌器一边画大圆，一边搅拌。

整体开始变得发白蓬松的时候换为低速，慢慢打制一段时间。

要让面糊的每一个部分都接触到搅拌器的叶片，可以稍微倾斜小碗和搅拌器。

面糊被提起来的时候，呈“滴答滴答”流淌下来，并且痕迹会缓慢消失的状态即可。

降低旋转速度，会产生一些细小的气泡。从搅拌器调整到低速开始到理想状态为止，需要7~8分钟。

用打蛋器缓慢搅拌3~4圈，让气泡集中到一起。

使用电动搅拌器，气泡无论如何都会大小不一。所以最后重新换回打蛋器，让气泡均匀。

3

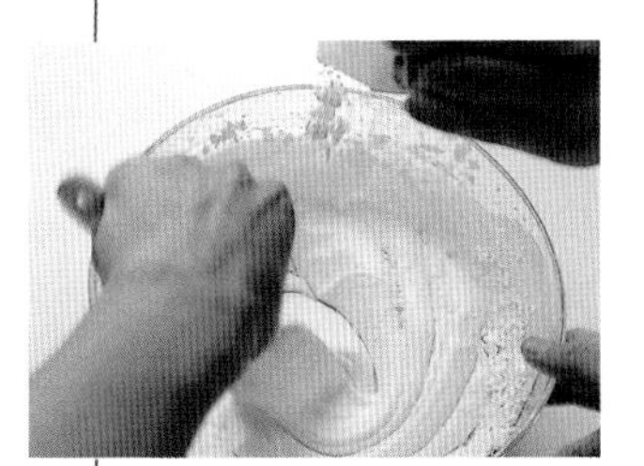

备好的低筋面粉再次过筛，用纸拎起低筋面粉慢慢倒进碗里，然后用橡皮刮刀立着切割式搅拌。

倒入面粉后尽快操作，防止产生面块。这个步骤非常重要，所以可以两人配合操作。

看不见干粉以后，单手把碗向靠近自己一侧旋转，然后用橡皮刮刀从底部盛起面糊搅拌4~5次。

4

加入枫糖②，继续搅拌。用微波炉把淡奶油加热到人体温度，然后倒进碗里搅拌均匀。

倒淡奶油的时候，需要用橡皮刮刀在中间接一下。这样才能让淡奶油分散到整个碗中，便于搅拌。

5

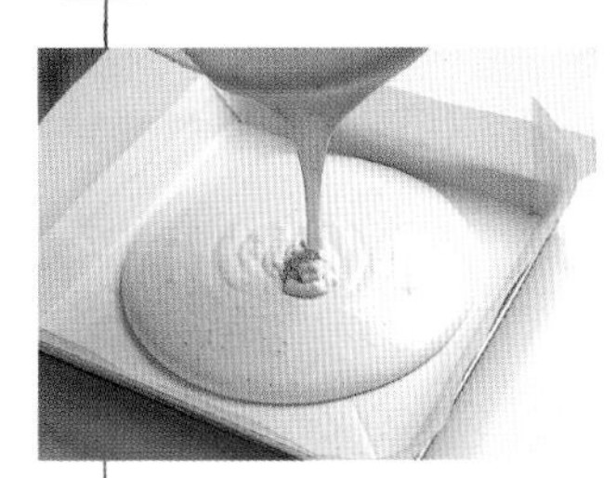

把面糊倒进铺好了烘焙纸的烤盘中央。

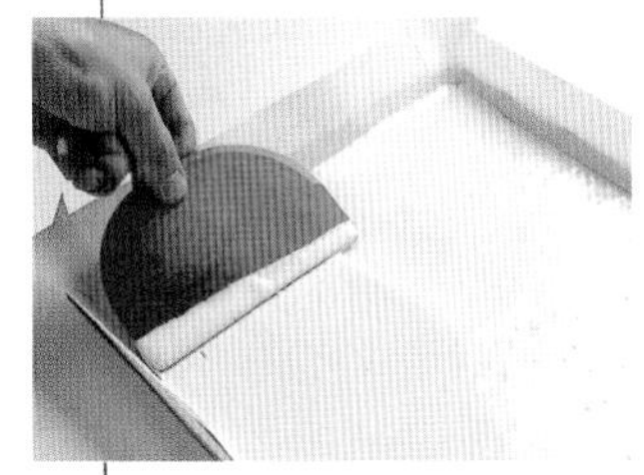

用刮板把面糊彻底填满4个角以后，再轻轻把表面整理平整。

尽可能不要直接触摸面糊。从烤盘一边开始刮平，然后烤盘旋转90°，继续刮平另一边。

6

放入预热好的烤箱中，温度调整到190℃烘焙15分钟。为了烘焙出漂亮的颜色，约12分钟时应该180°反转烤盘。出炉后马上使烤盘从约20cm的高度垂直落下几次。这种冲击力能排空蛋糕坯里的热气，防止塌陷。

带着烘焙纸一起，从烤盘中取出，放在冷却网上冷却。

制作夹心馅

7

把淡奶油①放进耐热碗中，包好保鲜膜。在微波炉中加热1分钟。

细砂糖放入小奶锅中，中火加热。周围开始出现小气泡时，用木制刮板上下搅拌。

此时画圈搅拌，会导致砂糖变硬。

砂糖完全溶解后，整体略作搅拌。

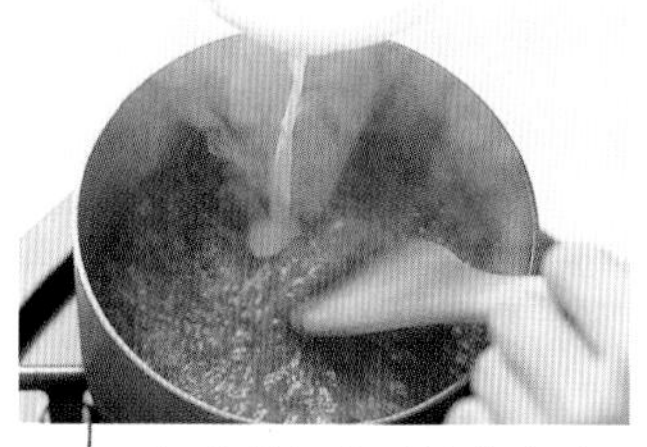

细小的气泡开始沸腾时，在气泡马上就要破碎的瞬间，从火上拿下来。然后分5~6次分别加入已经预热好的淡奶油①。

如果一口气加入淡奶油，可能导致淡奶油飞溅，容易被烫伤，所以请务必分次少量加入。

淡奶油搅拌好以后，马上转移到碗中。

如果一直放在锅里，会导致水分不断蒸发，枫糖变硬。

8

把淡奶油②倒入已经放在冰水上冷却好的碗中，用电动搅拌器最低速搅拌到出现黏稠。

加入枫糖后需要继续搅拌，所以此处只搅拌到5分发即可。如果使用电动搅拌器，则应该注意防止过度搅拌。这样的分量，使用打蛋器更合适。

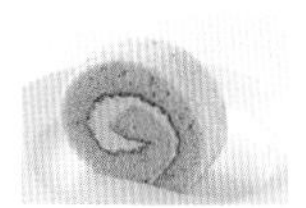

9

先加入1小勺枫糖，用打蛋器搅拌。完全融合后一边尝味道，一边少量加入。

蛋糕坯味道已经足够甜了，所以需要控制夹心馅的甜度。枫糖需要恰到好处的甜味，所以建议使用量为1大勺。

完成

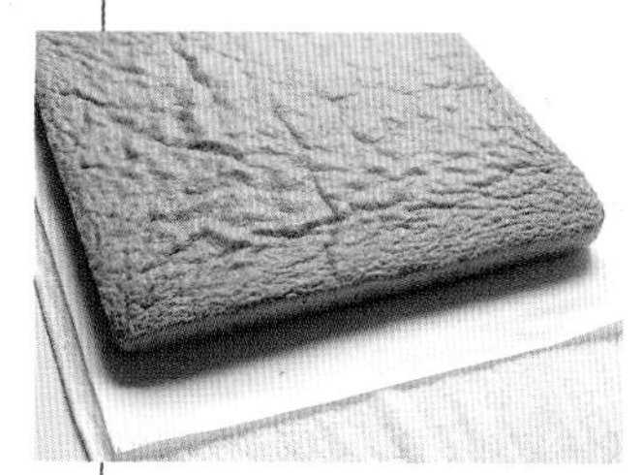

把湿毛巾拧干，上面铺好烘焙纸，然后把蛋糕坯放在上面。摘掉里面的烘焙纸，把蛋糕坯反扣过来。摘掉烘焙纸，重新把蛋糕坯翻回来。放在毛巾上的烘焙纸，要比蛋糕坯多出5cm左右。

11

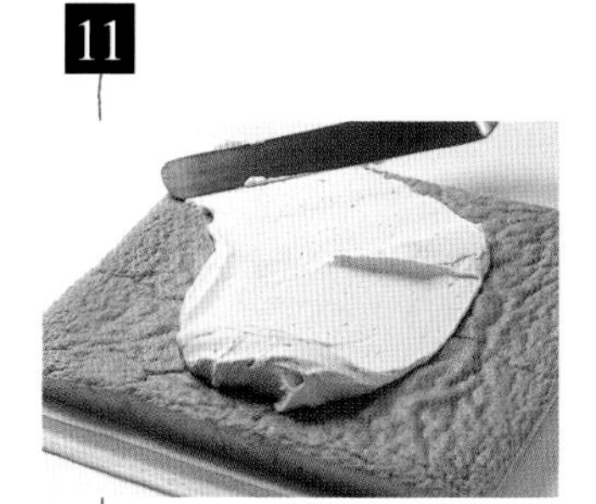

用打蛋器把枫糖淡奶油打发到出现小犄角的状态。放在蛋糕坯中央，用刮刀从中间向四角摊开。特别注意要把角落里面填满淡奶油，然后左右大幅度摊平。整体均匀以后，要让靠近身体一侧的淡奶油略厚，另外一侧略薄。

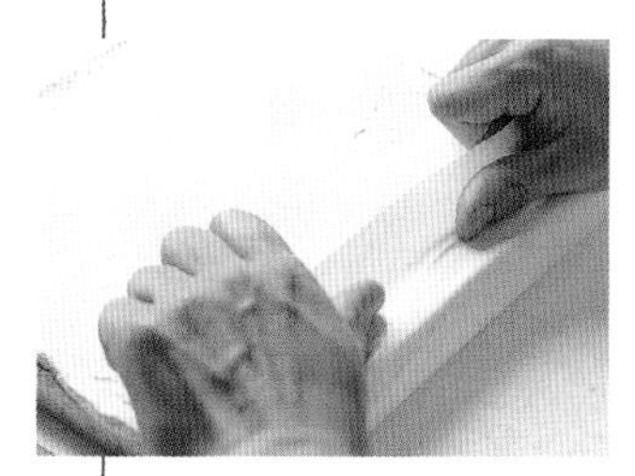

提起靠近身体一侧的烘焙纸，从两端紧紧拉平，将蛋糕坯快速卷起来。

把蛋糕坯厚的地方卷起来，成为蛋糕卷芯。

就这样一边向另外一侧卷起烘焙纸，一边用拇指压住蛋糕坯向前滚动。

可以参考做寿司时的打卷要领，一边拉住烘焙纸、一边滚动蛋糕坯。

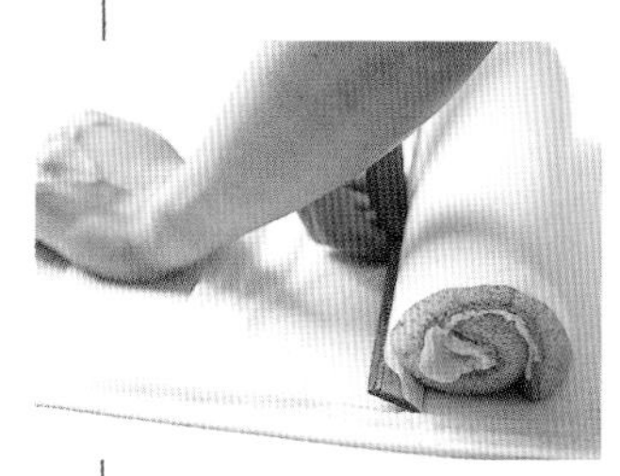

卷好以后，把格尺放在烘焙纸上面，然后向反方向拉动下面的烘焙纸。这样可以纠正蛋糕卷的弯曲和粗细差异。整理好外形以后，用烘焙纸包裹住蛋糕卷，放入冰箱冷藏10分钟。

完成

安食雄二老师的

奶油奶酪蛋糕卷

味道就像轻乳酪蛋糕，虽然是蛋糕卷但奶香浓厚。

手指饼面糊+奶油奶酪酱

材料 ●28cm×28cm的烤盘1个

手指饼面糊

- 蛋白……98g（M号鸡蛋约3个）
- 细砂糖（细粒）①……75g
- 蛋黄……65g（约3个）
- 细砂糖（细粒）②……7g
- 低筋面粉（“Super Violet” P.8）……71g
- 糖粉……适量

夹心馅

- 奶油奶酪（P.90）……150g
- 细砂糖（细粒）……10g
- 牛奶……16g
- 淡奶油（乳脂肪含量45%）……16g

准备工具

裱花袋、圆形裱花嘴（直径10mm）、茶滤、烘焙纸2张（烤盘用1张、完成用1张）、毛巾、格尺、碗、橡皮刮刀、木质刮刀、抹刀

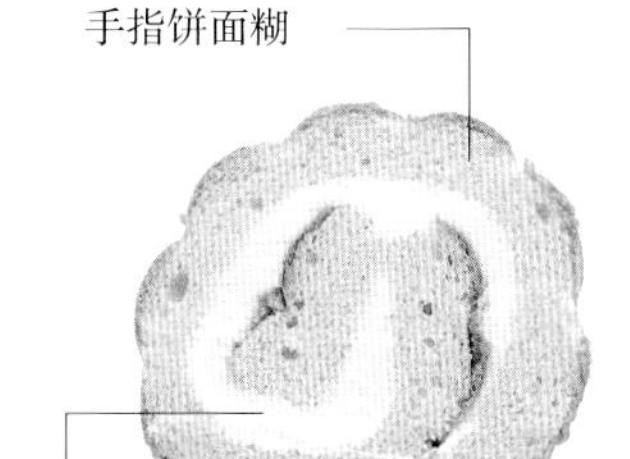

建议

制作手指饼面糊的重点在于，要打制出坚挺柔韧的蛋白霜。打制蛋白霜前，需要确认工具上完全没有油。因为蛋白与油结合后，无论如何努力都无法制成蛋白霜。这款面糊所需的蛋白霜中，使用多于常规的细砂糖，应该更容易打制出泡沫。但正因如此，请多花费些时间让蛋白霜更加细腻。夹心馅冷却以后，淡奶油和奶油奶酪都会凝固。所以只要冷藏保存，就自然而然出现轻乳酪蛋糕的口感。

流程

制作手指饼面糊。

蛋糕坯出炉冷却期间，制作夹心馅。

蛋糕坯冷却后剥掉上面的烘焙纸。

把夹心馅涂抹在蛋糕坯上，卷起来。

▼

放入冰箱冷藏10分钟左右，让蛋糕坯和夹心馅更紧实。

推荐品尝时间

完成之后尽早品尝。

保存

冷藏保存1日。

准备

- ●鸡蛋放在室温中恢复至常温。
- ●奶油奶酪在冰箱冷藏保存至使用前。
- ●在烤盘上铺烘焙纸（P.11）。
- ●烤箱预热至230℃。
- ●低筋面粉过筛备用。

制作枫糖口味的杰诺瓦士面糊

1 蛋白与细砂糖①放入碗内，用电动搅拌器的最高速打发。稍微变得蓬松以后，改为最低速，持续缓慢地打制出细腻的泡沫。表面顺滑以后继续打制一段时间，最终的理想状态是出现坚挺的小犄角，而且小犄角可以坚持一段时间。

糖分含量高，所以无须担心出现脱水现象。

2 另取一碗，放入蛋黄和细砂糖②，用电动搅拌器中速搅拌至发白的程度。

制作蛋白霜的电动搅拌器可以直接使用，无须清洗。

3 重新用打蛋器以画圆的方式搅拌3~4次1的蛋白霜，让气泡均匀流畅。

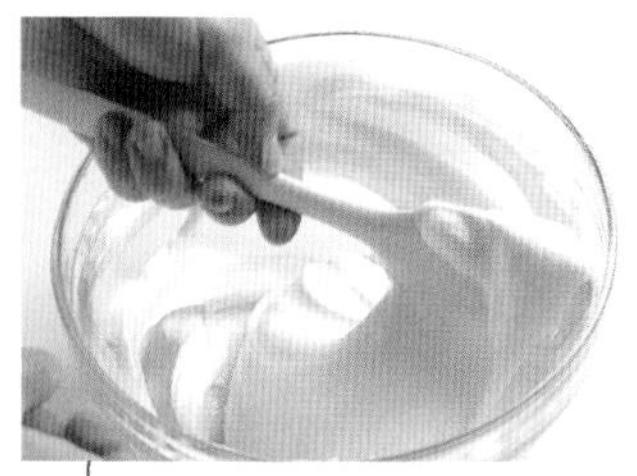

一次性加入蛋黄，用橡皮刮刀盛起碗底的蛋白霜，轻轻混合。

蛋白霜与蛋黄无须完全混合，呈大理石状即可。

4

再次过筛准备好的低筋面粉，用纸拎起低筋面粉慢慢倒进碗里，然后将橡皮刮刀立起，以切拌的方式搅拌。

倒入面粉后尽快操作，防止产生面块。这个步骤非常重要，所以可以两人配合操作。

没有生粉状态以后，单手把小碗向身体一侧转动，另一只手从碗底部翻起材料搅拌4~5次，多少搅拌出一些面粉的麸质。

5

把10mm的圆形裱花嘴装配在裱花袋上。装入2/3分量的面糊。

如果把所有面糊都装进裱花袋中，会导致难以挤出。在尚未熟练之前不要勉强操作，从2/3的分量开始操作即可。

在铺好了烘焙纸的烤盘里，从一端到另一端挤出棒状面糊。请尽量保持挤压力道均匀，面糊的粗细一致。

面糊和面糊中间应适当留出缝隙，这样才方便之后卷成蛋糕卷。

6

把糖粉倒进茶滤中，均等地撒在面糊上面。等待1~2分钟，当糖粉消失在面糊的水分中以后，再撒一次。

7 放入预热好的烤箱中，温度调到210℃烘焙10分钟。为了烘焙出漂亮的颜色，8分钟左右应该180° 反转烤盘。出炉后带着烘焙纸一起，从烤盘中取出，放在冷却网上冷却。

制作夹心馅

8 从冰箱中取出冷藏的奶油奶酪与细砂糖放入碗中，用木质刮刀轻轻盛起混合。

奶油奶酪酱需要一直冷藏到使用之前。奶油奶酪与淡奶油一样，放在常温状态下会出现乳脂肪分离的现象。

9 奶油奶酪与细砂糖融合以后，加入牛奶。一直搅拌到整体柔顺为止。

辻口博启老师的

红色蛋糕卷

混入了覆盆子果泥的蛋糕坯和淡奶油交相辉映。

十几岁的时候，我刚刚开始学习法式甜点制作。那段时间，我的脑海中一直构思着销售蛋糕卷和泡芙的小店形象。终于在2002年，我自己的门店开张了，实现了当年甜点小店的梦想。每天早上，我都会用新鲜出炉的蛋糕坯卷起应季食材，放到橱窗里，作为新的一天的开始。

对于我来说，无论男女老少，蛋糕卷都是一种随时可以品尝，且品尝就会感受到美味的甜点。随手买回家，轻轻切开来大家一起品尝，不就是“分享幸福”的一种方式吗？

虽然看似简单，实际上，制作美味蛋糕卷的过程中，有打发、混合材料、烘焙、防止干燥、包卷等多道工艺。每道工序都需要仔细认真对待才行。此外，还需要积累丰富的技巧和经验。首先，你需要对食材本身充满敬意。即使是选择鸡蛋这个小步骤，也会影响到最后蛋糕坯的口味，更别说所选的核桃种类和烘焙程度对蛋糕品质的影响了。

本书中介绍的“红色蛋糕卷”和“杏仁糖蛋糕卷”，一款拥有覆盆子的酸甜，一款拥有核桃的醇香，所以它们在甘甜度和口感方面有着非常大的反差。在经营我自己的蛋糕店之前，我在其他门店曾经销售过这两款甜点，所以这两款甜点是老客户们念念不忘的经典之作。

用于制作蛋糕坯的鸡蛋，要尽量选择高品质的。

材料 ●28cm×28cm的烤盘1个

覆盆子口味的杰诺瓦士面糊

- 全蛋蛋液……140g（M号鸡蛋约3个）
- 细砂糖……75g
- 覆盆子果泥（P.91）……50g
- 低筋面粉（"Super Violet" P.8）……75g
- 核桃（无皮）……50g

夹心馅

- 淡奶油（乳脂肪含量42%）……150g
- 淡奶油（植物性）……50g
- 细砂糖……30g
- 覆盆子果泥……40g

树莓果酱（覆盆子果酱）……适量

装饰用

- 覆盆子粉（P.91）……适量
- 糖粉（P.92）……适量

准备工具

烘焙纸2张（烤盘用1张、完成用1张）、茶滤、冰水、耐热锅、电动搅拌器、橡皮刮刀、抹刀、碗、打蛋器、切刀

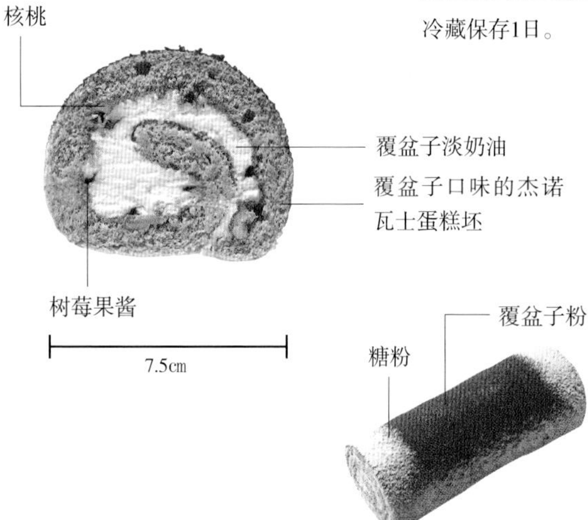

流程

制作覆盆子口味的杰诺瓦士面糊，烘焙。

▼

蛋糕坯出炉冷却期间，制作覆盆子淡奶油。

▼

蛋糕坯冷却后剥掉上面的烘焙纸。

▼

把覆盆子果酱挤出来，然后把覆盆子淡奶油涂抹在蛋糕坯上。

▼

卷好蛋糕卷，放入冰箱内冷藏定型。

▼

把覆盆子粉末和糖粉撒在上面。

推荐品尝时间

完成之后尽早品尝。

保存

冷藏保存1日。

准备

- ●鸡蛋放在室温中恢复至常温。
- ●核桃放入150℃的烤箱中烘焙，掰开以后中间也呈现淡棕色即可。切成粗粗的颗粒。
- ●把用于制作面糊的覆盆子果泥放在热水上，加温至45℃左右。

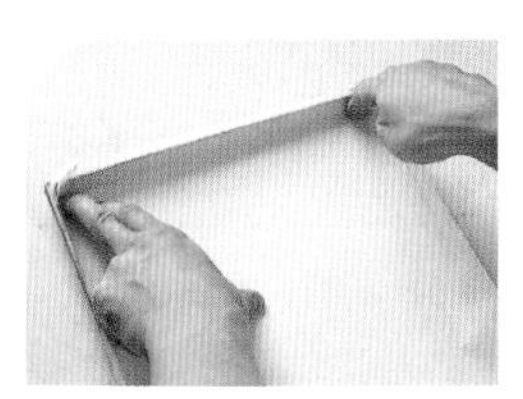

- ●在烤盘上铺烘焙纸（P.11）。
- ●把树莓果酱装入纸筒中，剪出2mm左右的裱花嘴。
- ●烤箱预热至190℃。
- ●低筋面粉过筛备用。

建议

如果把面粉一口气全倒入，容易结块。所以，应该少量分次加入面粉。在尚未习惯这种操作前，可以请人来配合。在覆盆子淡奶油中加一些植物性淡奶油，实现易于延伸，并且口感轻盈的效果。如果买不到覆盆子粉，可以全部使用糖粉。

制作覆盆子口味的杰诺瓦士面糊

1

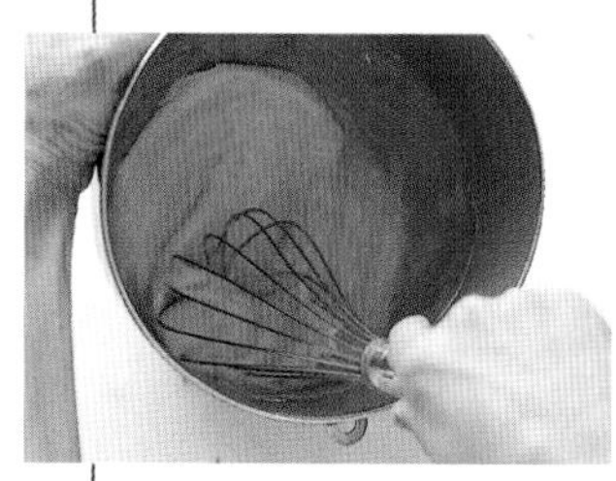

鸡蛋装入耐热锅中，用打蛋器轻轻搅拌。然后加入细砂糖混合。

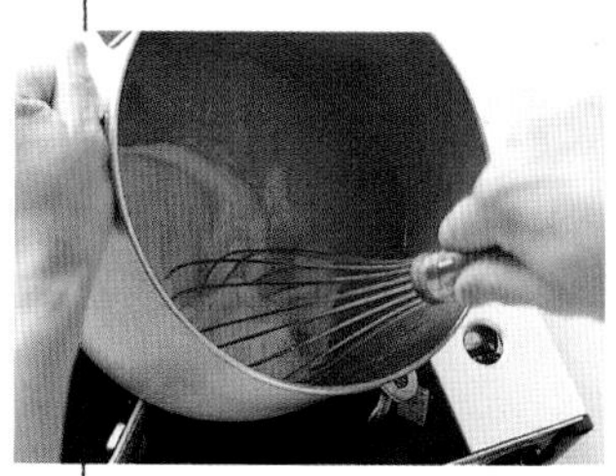

中火加热小锅，搅拌着升温至人体温度。此时细砂糖应该已熔化。

图中，用手指确认蛋液温度。快速搅拌，防止蛋液熟透，也可以放在热水上缓慢加热。

达到人体温度后，关火。用电动搅拌器以最高速搅拌至蛋液发白蓬松，小犄角头部稍微下垂也没关系。

用电动搅拌器画大圈搅拌。

2

慢慢倒入过筛备好的低筋面粉。用橡皮刮刀从下面盛起材料反复搅拌，直到看不见干粉为止。

3

把1/3分量的面糊倒入加温预热好的覆盆子果泥中，混合均匀。

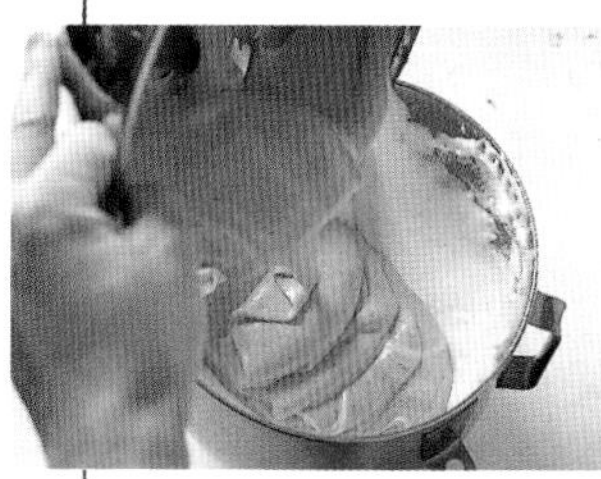

搅拌结束

然后把混合了面糊的覆盆子果泥倒回到剩下的面糊中，快速搅拌。

4

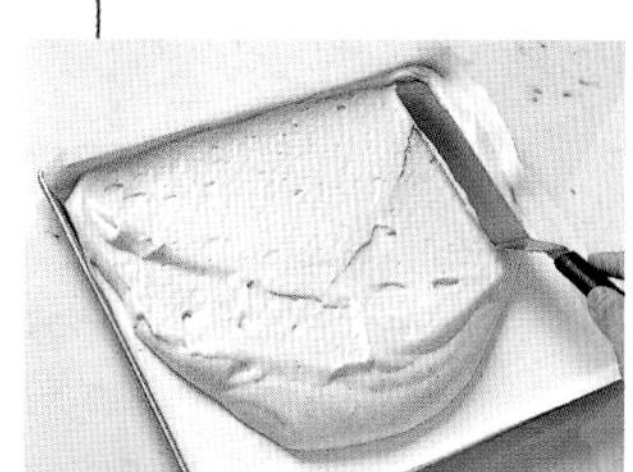

把面糊倒进铺好了烘焙纸的烤盘中，用抹刀摊平，表面整理平整。厚度控制在2cm左右。

5

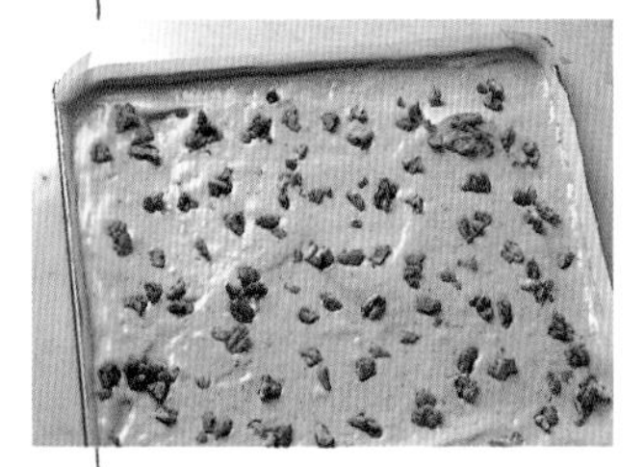

把出炉切碎的核桃均匀地撒在面糊上。

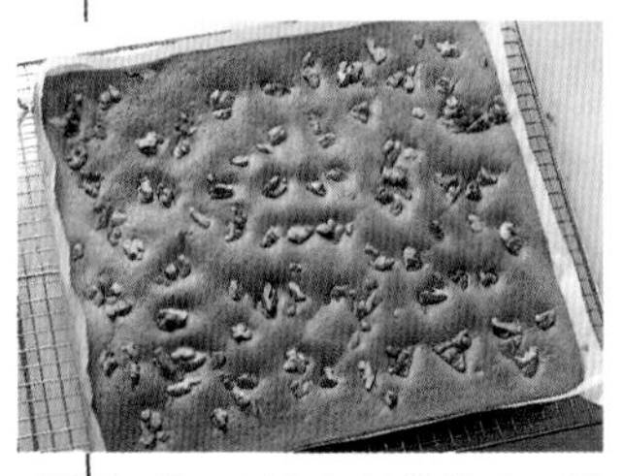

6

放入预热好的烤箱中，设定温度调至170℃，烘焙10分钟。出炉后带着烘焙纸一起从烤盘中取出，放在冷却网上冷却。

制作夹心馅

7

小碗放在冰水上，加入2中淡奶油、细砂糖后，用电动搅拌器以最低速搅拌到略显蓬松。

8

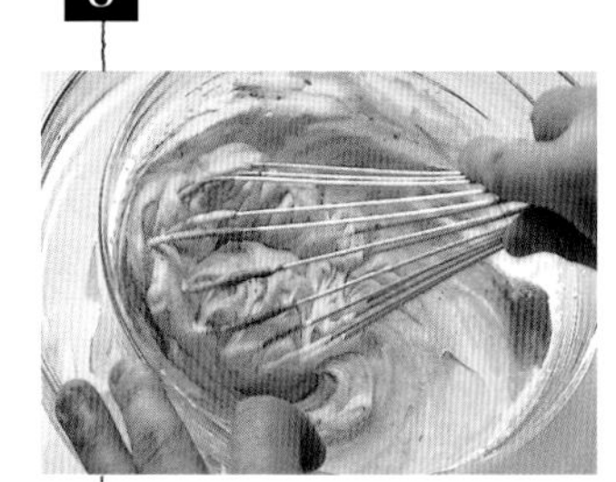

这样才能涂抹得漂亮

换成打蛋器，加入覆盆子果泥后继续搅拌。搅拌完成提起打蛋器的时候，应呈现出柔软的小犄角状态。

小犄角头部柔软地微垂即可。打发好以后，用橡皮刮刀把飞溅到周围的淡奶油都聚集到盆底部。

完成

9

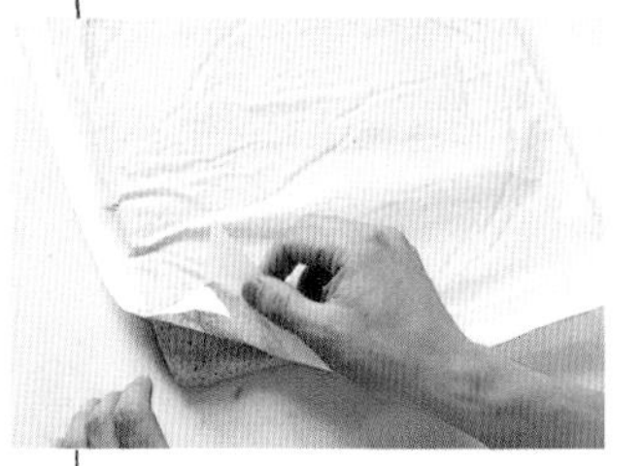

把蛋糕坯放在台面上，先剥离里面的烘焙纸，然后反扣过来，剥离底面的烘焙纸。

把剥掉的烘焙纸盖在上面，然后再反扣过来。

10

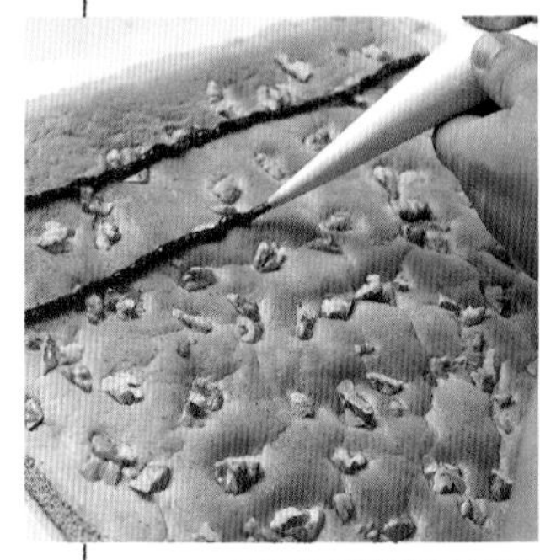

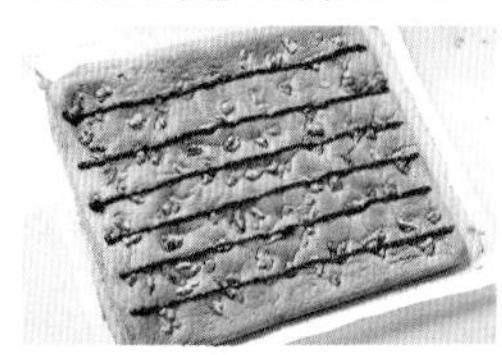

挤完以后的状态

把提前装入纸筒的树莓果酱，以4cm的间隔挤在蛋糕坯上，画出线条。

11

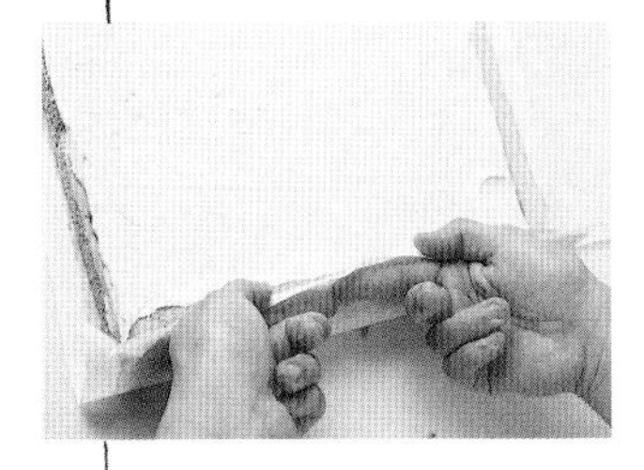

涂好以后

把夹心馅放在蛋糕坯中间，用抹刀摊平。整体均匀以后，让靠近身体一侧的夹心馅厚一些，另一侧的薄一些。

12

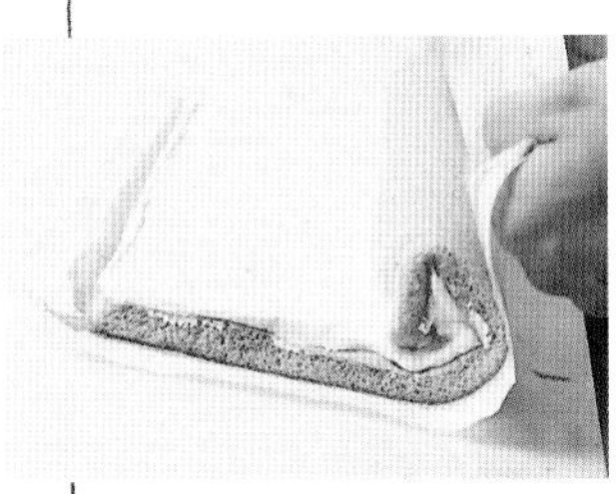

提起靠近身体一侧的烘焙纸，快速把蛋糕坯向外侧卷出去。

以蛋糕坯厚度为准，卷出蛋糕卷的卷芯。

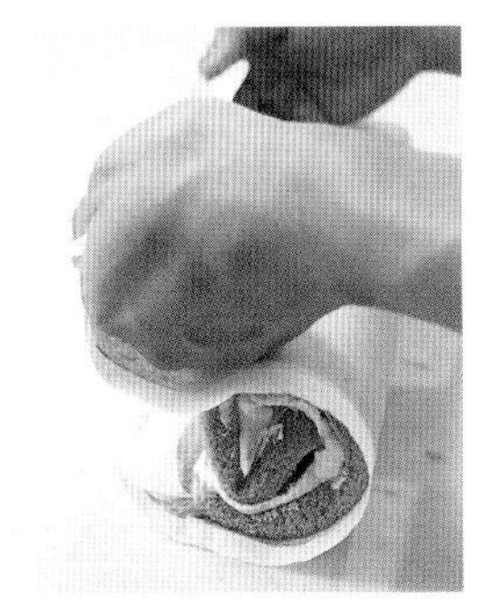

然后一边用烘焙纸向前推动，一边用手指背控制住蛋糕卷整体粗细，就这样一直卷到最后。

13

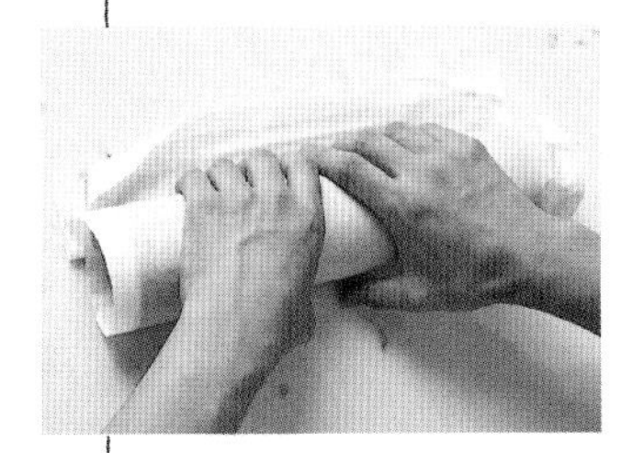

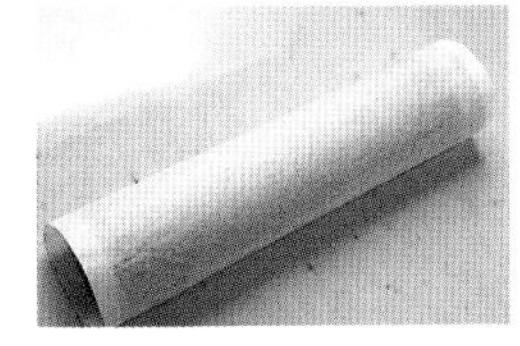

卷好以后，直接用烘焙纸包裹住蛋糕卷，卷尾朝下放入冰箱中。冷藏10分钟使其定型稳定。

14

切刀放入热水中加热，擦干后切掉蛋糕卷两端，然后平分成两半。

用茶滤过筛覆盆子粉，均匀地撒在蛋糕卷表面，然后用糖粉在切口处撒出带状图案。

完成

辻口博启老师的

杏仁糖蛋糕卷

杏仁糖的香气充满整个口腔。蓬松的蛋糕坯把润滑的卡士达酱卷了起来。

杰诺瓦士面糊+杏仁卡士达酱

材料 ●28cm×28cm的烤盘1个

杰诺瓦士面糊

- 全蛋蛋液……130g（M号鸡蛋约3个）
- 细砂糖……55g
- 牛奶……12g
- 低筋面粉（“Super Violet” P.8）……75g

杏仁糖

（下述分量做成的杏仁糖分量约为75g）

- 杏仁（带皮完整杏仁）……50g
- 细砂糖……50g
- 水……15g

卡士达酱（下述分量做成的卡士达酱分量约为175g）

- 牛奶……150g
- 香草豆荚（P.91）……1根
- 细砂糖①……10g
- 蛋黄……30g（约2个）
- 细砂糖②……20g
- 低筋面粉（“Super Violet” P.8）……7.5g
- 玉米淀粉……7.5g
- 黄油（无盐）……15g

夹心馅

- 黄油（无盐）……100g
- 杏仁糖泥（P.91）……75g
- 卡士达酱（上述）……175g
- 糖粉（装饰用P.92）……适量

准备工具

烘焙纸（烤盘用1张）、温度计、钢盆（如果没有的话可以用锅代替）、万能过滤器、茶滤、冰水、橡皮刮刀、打蛋器、电动搅拌器、抹刀、锅、切刀

建议

制作杏仁糖的时候，请一定要使用热传导性好，而且可以在火上直接加热的钢盆。制作甜点的时候，更应该使用正确的工具。卡士达酱需要充分加热，因为充分加热，能消除低筋面粉的生味，让卡士达酱中充满浓郁的鸡蛋和香草的味道。

流程

制作杏仁糖。

▼

制作杰诺瓦士面糊，烘焙。

▼

蛋糕坯出炉冷却期间，制作卡士达酱。接下来制作夹心馅。

▼

蛋糕坯冷却后剥掉上面的烘焙纸。

▼

把夹心馅涂抹在蛋糕坯上，撒上杏仁糖碎。

▼

卷好蛋糕卷，放入冰箱内冷藏定型。

▼

把糖粉撒在上面。

推荐品尝时间

完成之后6小时左右，蛋糕坯和夹心馅结合的程度最佳。

保存

冷藏保存2日。为防止干燥，需要包裹保鲜膜。

准备

- 鸡蛋放在室温中恢复至常温。
- 在烤盘上铺烘焙纸（P.11）。
- 烤箱预热至170℃。
- 把用于卡士达酱的低筋面粉和玉米淀粉混合后过筛。
- 用于蛋糕坯的低筋面粉过筛备用。

糖粉

杰诺瓦士蛋糕坯

杏仁卡士达酱

杏仁糖碎

7.5cm

制作杏仁糖

1 杏仁放入烤箱中，温度设定为150℃，烘焙20~25分钟，中间果肉也出现淡茶色即可。初步冷却以后切成4等份。烤箱重新预热至190℃。

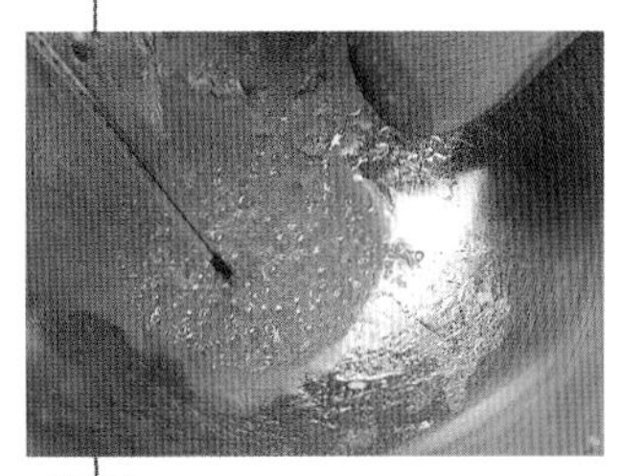

2 细砂糖和水装入钢盆中，小火加热。细砂糖熔化，出现大泡沫的时候插入温度计。温度达到128℃时关火，加入1的杏仁碎。

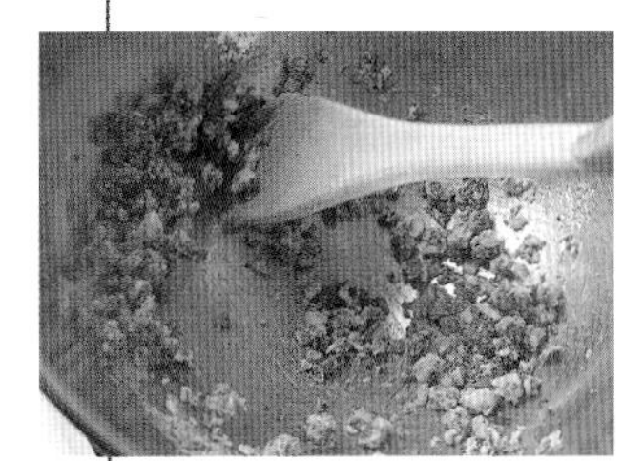

用刮刀快速搅拌，让糖浆再次变白结晶化。

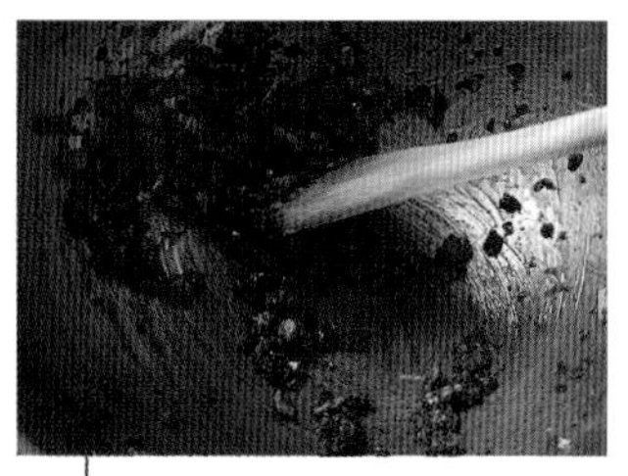

再次点火加热，偶尔把盆从火上拿下来。持续加热，直到细砂糖呈现出焦糖状。

倒在烘焙纸上摊开，自然冷却。

非常热，注意不要被烫伤。

制作杰诺瓦士面糊

3

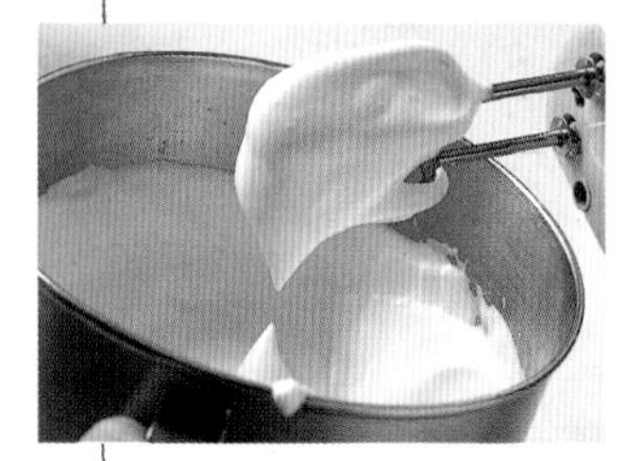

鸡蛋装入耐热盆中，加入细砂糖，用打蛋器轻轻搅拌。中火加热小盆，快速搅拌。升温至人体温度后从火上取下。然后用电动搅拌器最高速搅拌，出现如照片中这样的白色蓬松状蛋白泡即可。

同时，用微波炉把牛奶加热到人体温度。

4 用纸拎起过筛备好的低筋面粉，慢慢倒进来。用橡皮刮刀从下面盛起材料反复搅拌，直到看不见干粉为止。

5 加入预热好的牛奶，混合。

用橡皮刮刀接着牛奶，间接倒入盆中，可以实现更好的混合效果。

6 把面糊倒进铺好了烘焙纸的烤盘中，用抹刀抹平，表面整理平整。厚度控制在2cm左右。

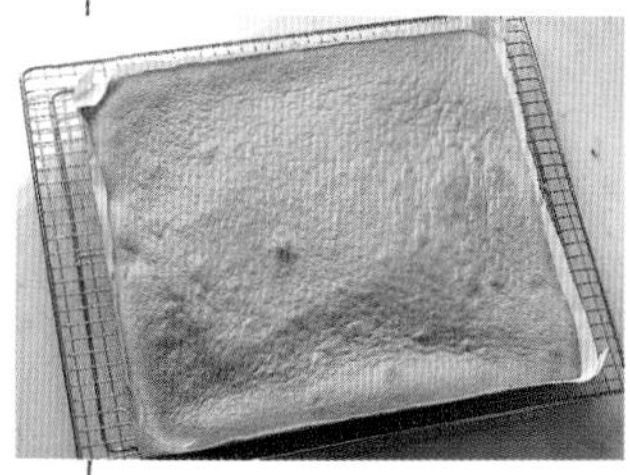

7 放入预热好的烤箱中，设定温度调至170℃，烘焙10分钟。出炉后带着烘焙纸一起从烤盘中取出，放在冷却网上冷却。

制作夹心馅

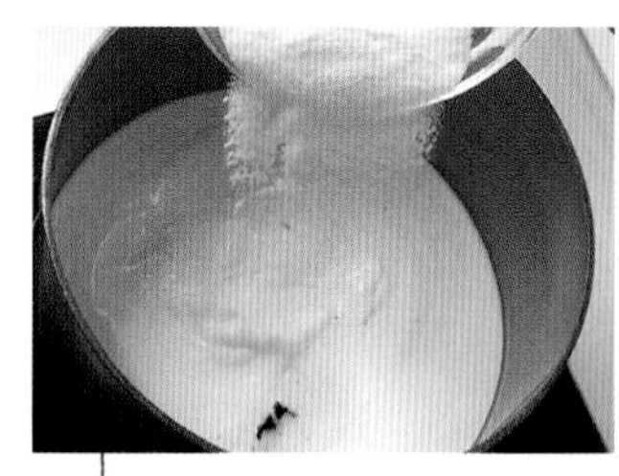

8 制作卡士达酱。纵向把香草荚切成两半，取出种子。牛奶倒入锅中，把摘掉了种子的香草荚放进去一起加热。马上就要沸腾的时候加入细砂糖①，再次沸腾时关火。

9 蛋黄放在盆中打散，加入细砂糖②混合。混合好以后，加入已经过筛备好的低筋面粉和玉米淀粉混合物，充分搅拌。

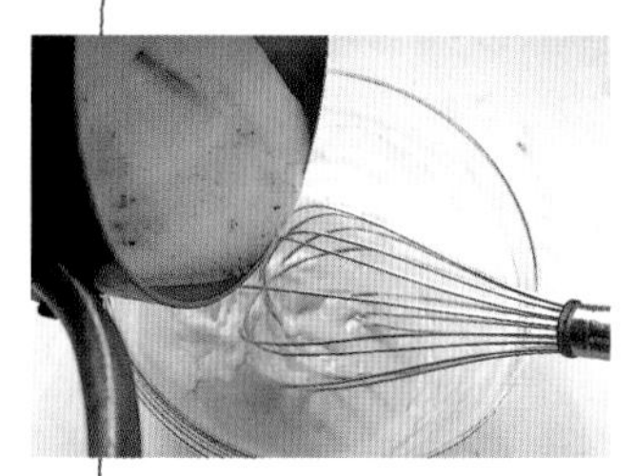

10 从8的牛奶中取1/2分量，充分搅拌至整体顺滑。

取出香草荚。

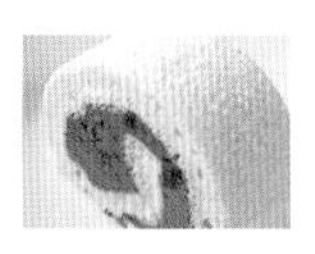

重新倒回8的锅中，搅拌。整体顺滑以后大火加热，为防止糊掉，应该一直不停地搅拌。开始会感觉到厚重感，之后加热得越充分，越能感觉到面糊的光泽，这时就可以关火了。

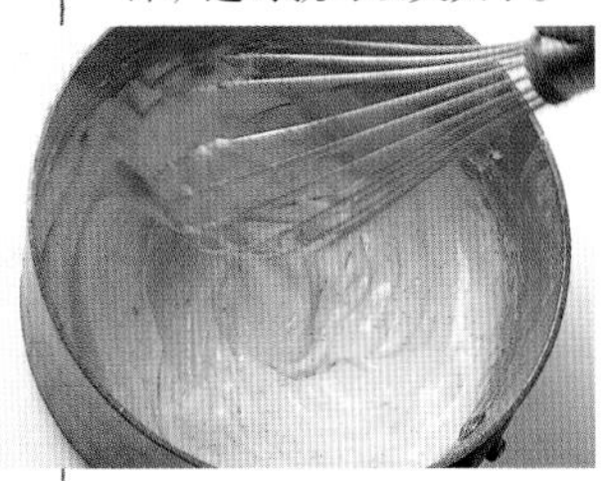

加入冰凉的黄油，搅拌。

如果加入常温柔软的黄油，会出现分离现象。

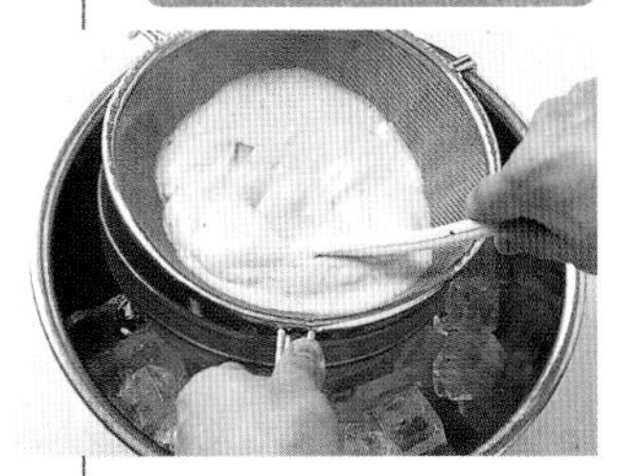

11 取另外一个小盆，垫在冰水上面。把万能过滤器放在小盆中，慢慢把10的材料过滤出来。略微搅拌即可迅速冷却。

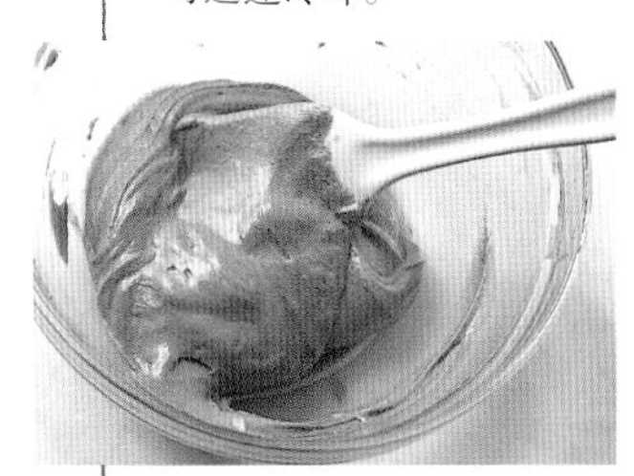

12 把黄油和杏仁糖放入微波炉中加热10秒左右，装入盆中搅拌。

完成

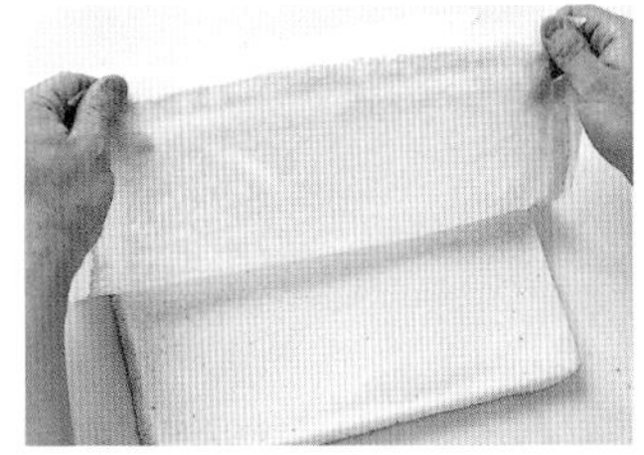

13 剥掉蛋糕坯侧面的烘焙纸。整体反扣过来以后，慢慢摘掉底面的烘焙纸。把剥掉的烘焙纸盖在上面，然后再反扣过来。

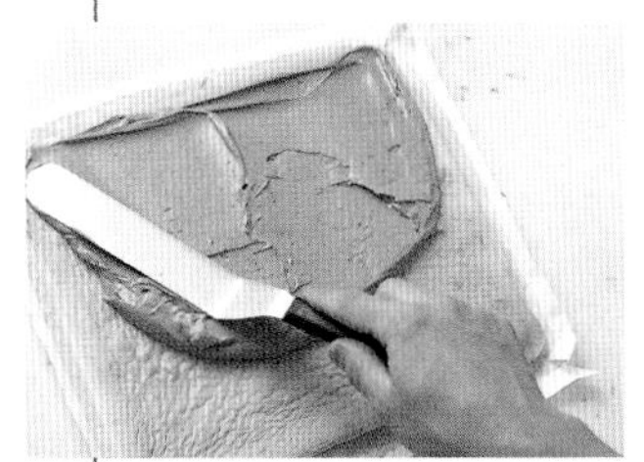

14 把夹心馅放在蛋糕坯中间，用抹刀摊平。整体均匀以后，让靠近身体一侧的夹心馅厚一些，另一侧的薄一些。

把杏仁糖（75g）撒在蛋糕坯上，用抹刀稍稍按压，让杏仁糖没入夹心馅中，然后稍微修整表面形状。

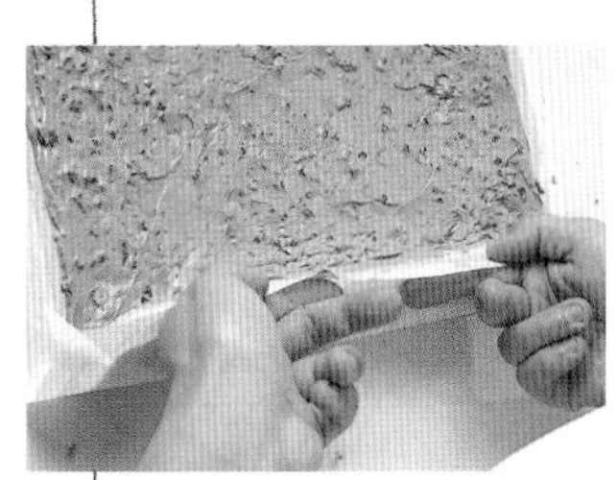

15 提起靠近身体一侧的烘焙纸，快速把蛋糕坯向外侧卷出去。

然后一边用烘焙纸向前推动，一边用手指背控制住蛋糕卷整体粗细，就这样一直卷到最后。卷好以后，直接用烘焙纸包裹住蛋糕卷，卷尾朝下放入冰箱中，冷藏10分钟使其定型。

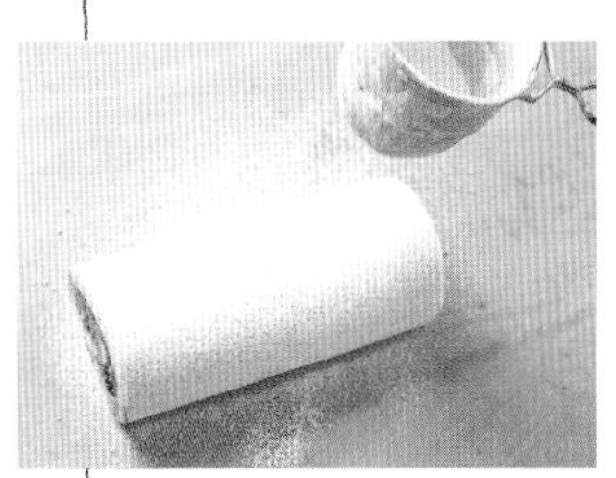

16 切刀放入热水中加热，擦干后切掉蛋糕卷两端，然后平分成两半，然后把糖粉均匀地撒在蛋糕卷表面。

完成

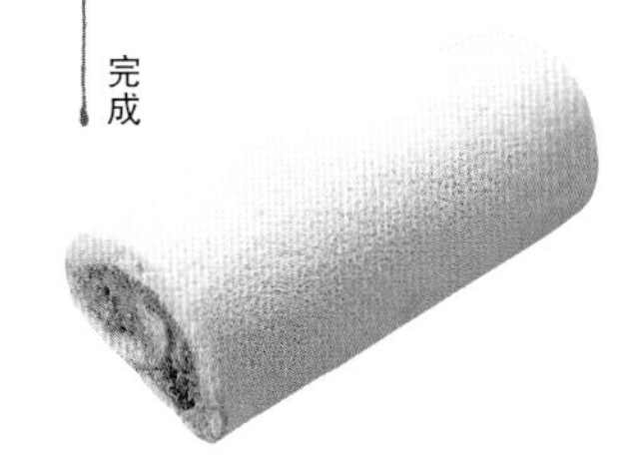

手指饼蛋糕坯+酸奶淡奶油

大山荣藏老师的

春色满园蛋糕卷

水果绝妙的搭配永远充满魅力。30年来一直被宠爱有加的经典蛋糕卷。

水果无须进行修饰就已经美味无比。如何使这些水果吃起来更加美味，就是我们这些甜品匠人的使命了。本店长期经营的“春色满园蛋糕卷”，诞生于30多年前。在夏季将至的春末，草莓已经快要下市。但是为了做出色泽美丽的蛋糕，我们创意出这样一款蛋糕，就像草莓蛋糕是永远无法取代的甜点一样，日本人对红色的草莓一直怀有格外的热情。在没有草莓的季节，就连草莓蛋糕的销量都会受到影响。

我们制作出草莓蛋糕卷，并赋予它法国甜品的名字，皆因为制作过程中参考了法式甜点的制作技巧。这就是法式甜点基本面糊之一的手指饼面糊。对，就是夏洛特蛋糕所用的手指饼面糊。至于淡奶油，不仅需要考虑水果和淡奶油之间的平衡，还需要考虑夏季清爽的口感。因此我们特意选用了酸奶来轻化口感。蛋糕坯虽然略有粗糙，但吸收了淡奶油的水分就恰到好处了。

这是一款貌似困难，但初学者也可以轻松上手的甜品。这款甜品的面糊，要比杰诺瓦士面糊更便于操作，只要细细挤出来烘焙即可。我在甜品学校和大学课堂上也会教授这款甜品的制作工艺，大多数的人可以一次成功。只要不烤煳面糊，就应该可以成功。

使用手指饼面糊工艺制作的传统甜点——水果夏洛特。

材料 ●28cm×28cm的烤盘1个

手指饼面糊

- 蛋白……60g（M号鸡蛋约2个）
- 细砂糖（细粒）……60g
- 蛋黄……40g（约2个）
- 低筋面粉（“Super Violet” P.8）……50g
- 糖粉……适量

夹心馅

- 淡奶油（乳脂肪含量45%）……200g
- 细砂糖（细粒）……15g
- 酸奶（无糖）……100g

糖浆（以下分量可做出50g糖浆）

- 水……100g
- 细砂糖……100g
- 樱桃酒（P.92）……少许

水果

- 猕猴桃……1/2个
- 黄桃（罐头）……1片
- 草莓……14个

装饰用

- 草莓……2 1/2个
- 蓝莓……6粒
- 覆盆子……5粒
- 薄荷叶……适量
- 镜面果胶（P.92）……适量
- 糖粉（装饰用 P.92）……适量

准备工具

裱花袋、圆形和菊花形裱花嘴（直径10mm）、茶滤、烘焙纸2张（烤盘用1张、完成用1张）、刷子、格尺、冰水、打蛋器、锅、盆、电动搅拌器、橡皮刮刀、抹刀

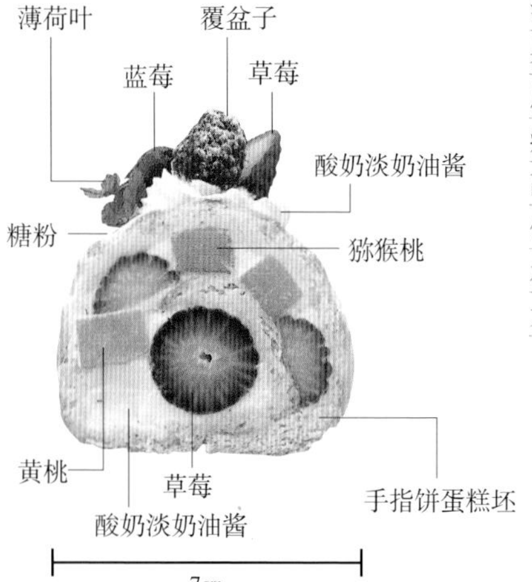

流程

制作手指饼面糊。

▼

蛋糕坯出炉冷却期间，切水果，制作夹心馅。

▼

蛋糕坯冷却后剥掉上面的烘焙纸。

▼

把夹心馅涂抹在蛋糕坯上，摆放好水果，卷起来。

▼

定型，做装饰。

推荐品尝时间

完成之后尽早品尝。

保存

冷藏保存1日。

建议

分离蛋白和蛋黄的时候，要注意别把蛋黄混进蛋白里去。因为蛋黄中含有阻碍蛋白打发的油脂，一点点就会让蛋白无法打发。同样，也需要提前确认小盆、打蛋器上面是否沾有油脂。铺在烤盘里的烘焙纸如果太高，恐怕会被烤炉中的热风吹动，在蛋糕坯表面留下伤痕。所以请用剪刀把超出烤盘高度的烘焙纸剪掉。水果可以任选您喜爱的品种，但是红色水果只能选择一种，如果红色太多，会使人眼花缭乱。

准备

- 鸡蛋放在室温中恢复至常温。
- 制作糖浆。把指定分量的水和细砂糖放入小锅中加热溶解。冷却后加入樱桃酒增添香气。
- 在烤盘上铺烘焙纸（P.11）。烘焙纸应该比烤盘略大，对角线折叠。立面与底面交接处也同样折出痕迹。薄薄地涂抹一层黄油（分量外），以便把烘焙纸贴在烤盘上防止空气进入。（烘焙纸对折线与涂抹黄油的对角线相交叉）

※对角线也是挤出面糊时的引导线。

- 烤箱预热至210℃。
- 低筋面粉过筛备用。

制作手指饼面糊

1

蛋白放入盆中，加入一小捏细砂糖，以电动搅拌器的最高速打制泡沫。开始出现小犄角的时候，加入细砂糖。出现光泽，而且小犄角变得更坚挺以后，再继续打一段时间。

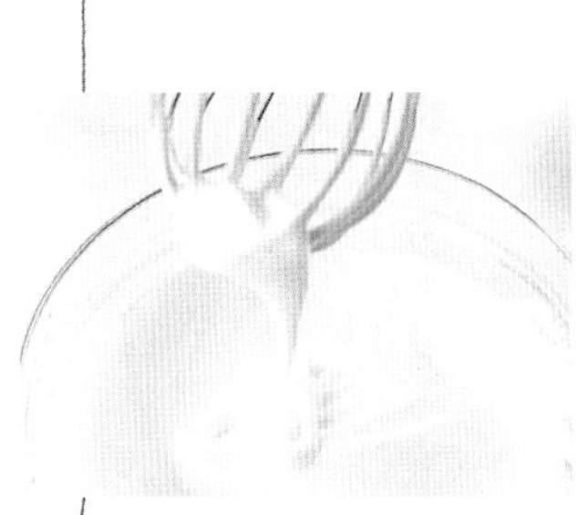

小犄角完全挺立起来以后，换成打蛋器。以画圈的方式混合4~5次，把气泡调整得细腻一些。

2

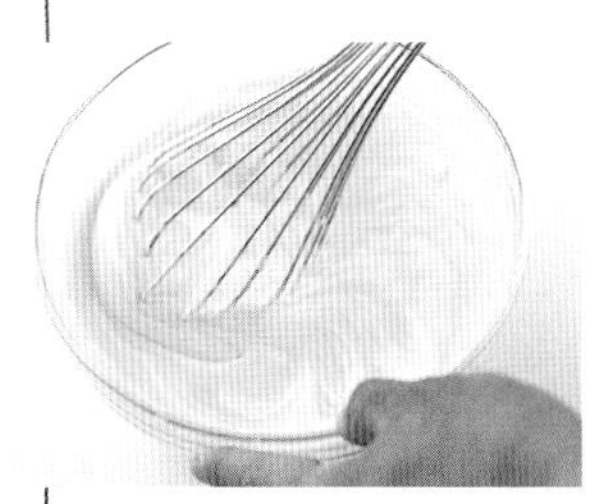

把蛋黄打散，加入1的蛋白霜。用打蛋器轻轻搅拌2~3次。

注意不要混合过度，还留有蛋白霜的白色也没关系。

3

拎起装有粉类的纸，散落着倒入过筛备好的低筋面粉。

单手把小盆向自己的身体一侧旋转，另一只手持橡皮刮刀从下面盛起面糊搅拌，直到面粉混合均匀，看不见干粉为止。

稍后进行的挤面糊操作，本质上也和混合面粉一样。所以本步骤不需要过度混合。

4

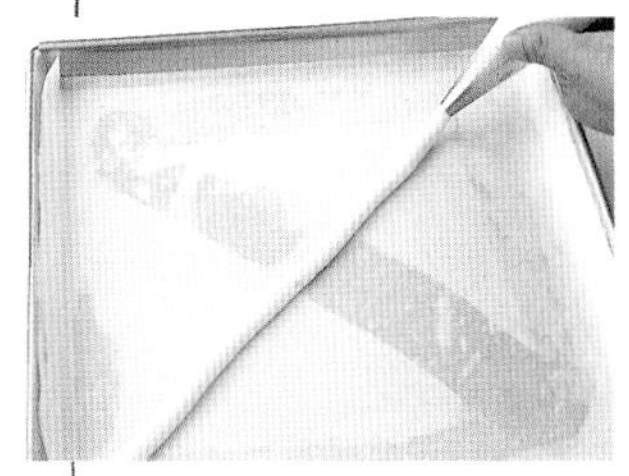

把圆形裱花嘴装配在裱花袋上。倒入2/3分量的面糊，沿着铺在烤盘上的烘焙纸的印痕，从烤盘角开始挤出面糊。尽量保持粗细不变，也就是说挤面糊的力道不要变。

面糊装满裱花袋以后，难以挤得均匀，所以要少装一些。裱花袋倾斜45°，从挤出面糊开始，慢慢悬浮着移动裱花嘴。最后把裱花嘴按压在烤盘上，然后压下来切断面糊。

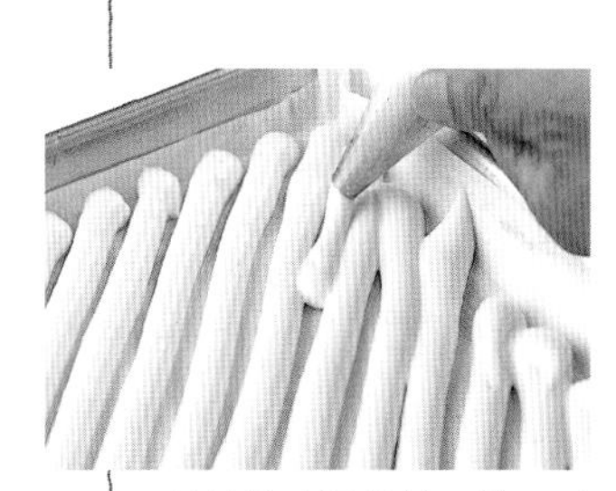

继续挤出同样的面糊。不要完全挤满，中间可以留出适当间隙。如果间隙过大，可以在这里补一些面糊。

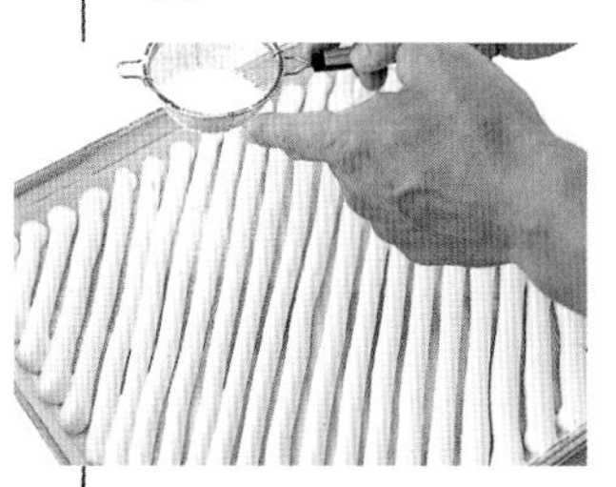

5

把糖粉装入茶滤中，均匀地撒在面糊上。

6

装入预热好的烤箱中，温度调至190℃，烘焙12~13分钟。出炉后马上带着烘焙纸把蛋糕坯从烤盘中取出，放在冷却网上冷却。

表面出现烘焙色，就意味着蛋糕坯烤好了。取出后放在冷却网上。如果一直放在烤盘上，其余热会导致蛋糕坯干燥，卷起来时会折断。

切水果

7

把猕猴桃和黄桃切成1cm厚的水果片，留出完整使用的草莓，另取9个纵向分成两半。

制作夹心馅

8

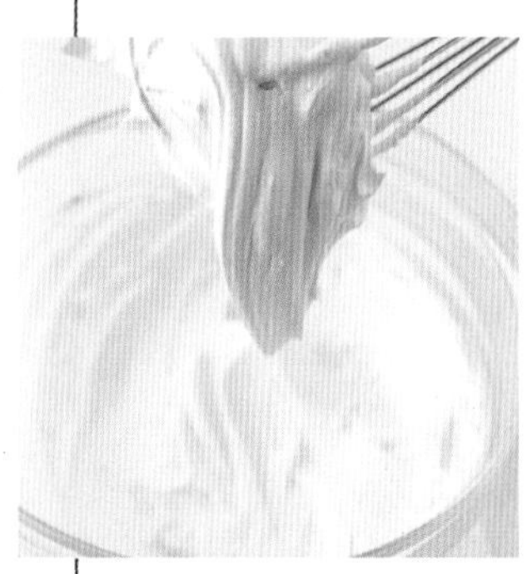

盆内放入淡奶油和细砂糖，垫放在冰水盆上。用打蛋器打发至盛起来也不会落下的程度。加入酸奶轻轻混合，搅拌至顺滑。

之后还会添加酸奶，所以此处的打发淡奶油需要稍微硬一些。

完成

9

蛋糕坯冷却以后，盖上一张整洁的烘焙纸。小心地带着烘焙纸把蛋糕坯反扣过来，注意不要折断蛋糕坯，然后小心地剥掉下面的烘焙纸。

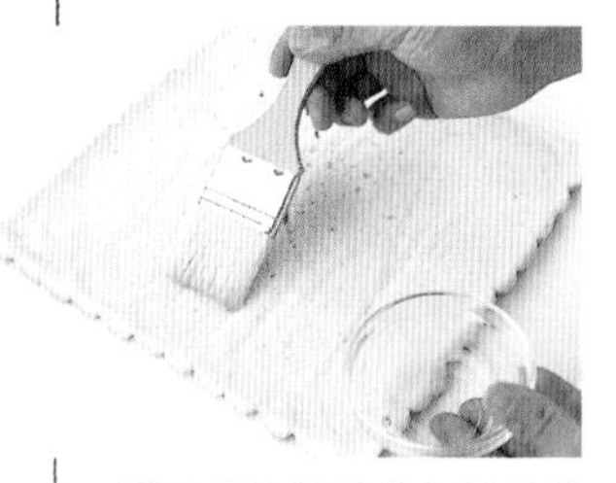

刷子蘸取提前准备好的糖浆，像敲击一样“砰砰”地拍打在蛋糕坯表面。

如果蛋糕坯里有比较硬的地方，可以局部多涂一些糖浆。

10

取2/3的夹心馅，分3~4份放在蛋糕坯表面，剩余夹心馅用来做装饰。

用抹刀把夹心馅摊开，覆盖整个蛋糕坯。靠近身体一侧略厚，另一侧略薄。

11

在靠近身体一侧的蛋糕坯上，留出1个草莓大小的边缘，然后把整个草莓倒着摆放上去。其他的水果也按照切口的方向整齐地摆放在上面，排成一列。

12

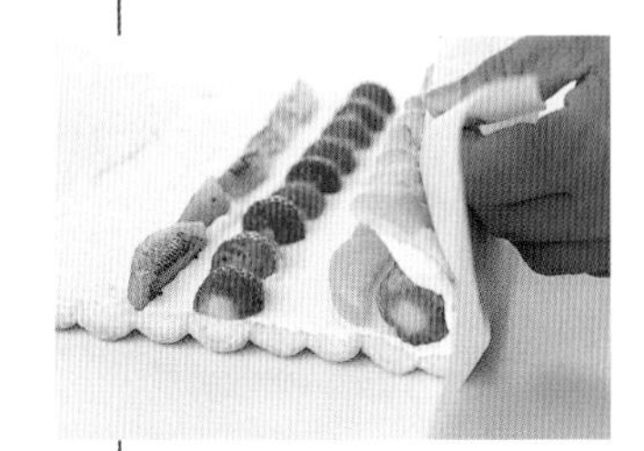

拎起靠近身体一侧的烘焙纸，向前推送。把完整的草莓当作卷芯，卷取蛋糕卷。

卷好一圈以后，稍微按压着整理一下形状，防止蛋糕卷松懈。

提起垫在下面的烘焙纸，一边按压避免松动，一边向另一侧推送蛋糕卷。

即使水果被挤出来也无须在意，请继续卷起来

13

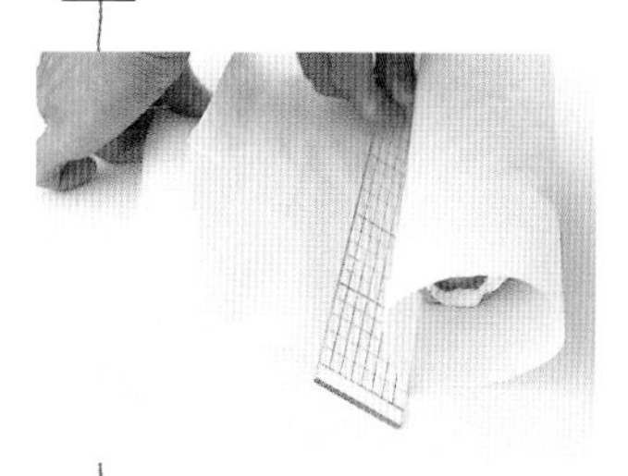

把格尺压在烘焙纸上面，单手从下面拉动烘焙纸，单手用格尺裹紧包裹着蛋糕卷的烘焙纸。这样做的目的是修正蛋糕卷的弯曲等问题。如果有夹心馅或水果被挤出来，可以用抹刀再压回去。

装饰

14

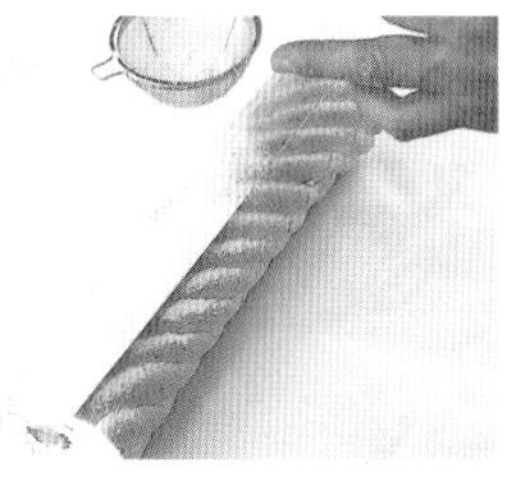

切刀用热水加热后擦干，切掉蛋糕卷两端。把格尺放在蛋糕卷中央，然后用茶滤撒上糖粉。

15

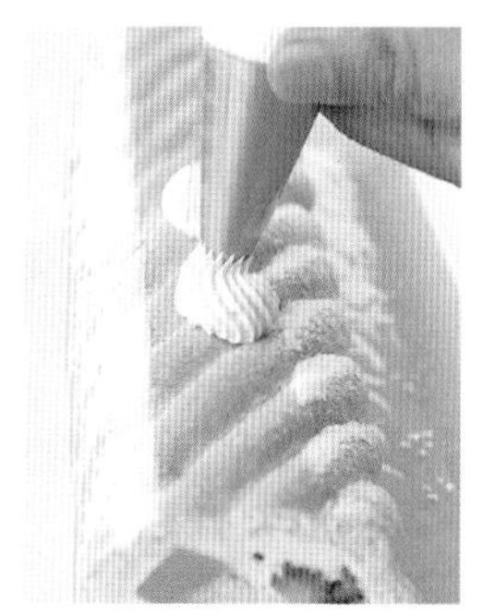

把菊花形裱花嘴装配在裱花袋上，装入10中剩余的夹心馅。在格尺挡住的部分间隔均匀地挤上5处圆形夹心馅。

16

把用来做装饰的草莓纵向切成两半，用刷子在切口处涂抹果胶。蓝莓的果肉部分蘸取果胶。覆盆子上面撒一些糖粉。

用微波炉加热果胶，使其变软。这样会更容易涂抹。

把草莓、蓝莓、覆盆子装饰在蛋糕卷上面的夹心馅上。最后点缀薄荷叶。

为了更加生动可爱，草莓可以稍微倾斜一点。

完成

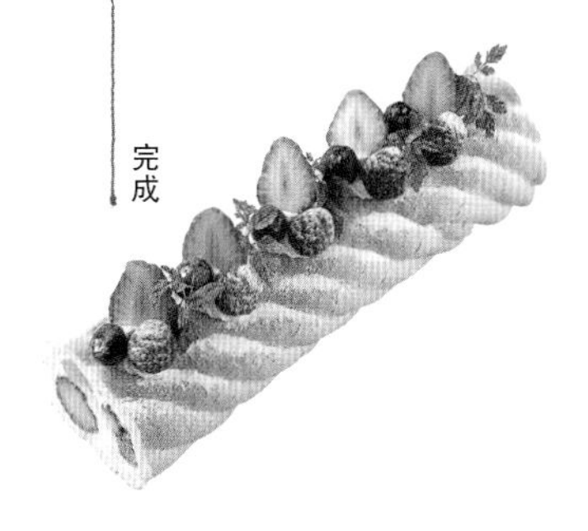

10

一口气加入淡奶油，用打蛋器从上面“砰砰”敲打着搅拌，使其整体混合均匀。

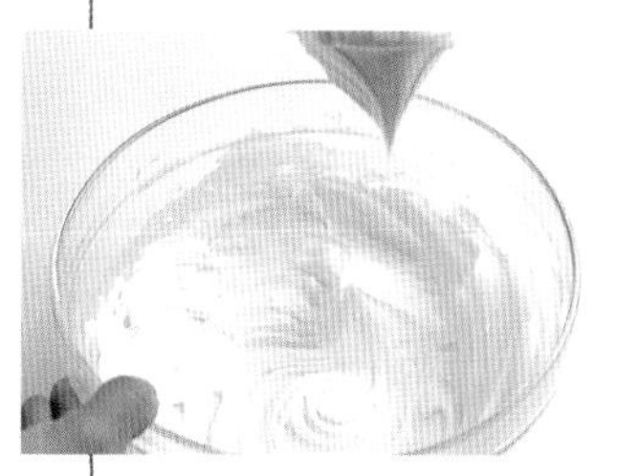

继续搅拌，结块会自然消失。盛起后出现小犄角的状态时，就表示完成了。

完成

11

把湿毛巾拧干，上面铺好烘焙纸，然后把蛋糕坯放在上面，剥掉立面的烘焙纸。注意不要折断蛋糕坯，慢慢反扣回来以后摘掉下面的烘焙纸。

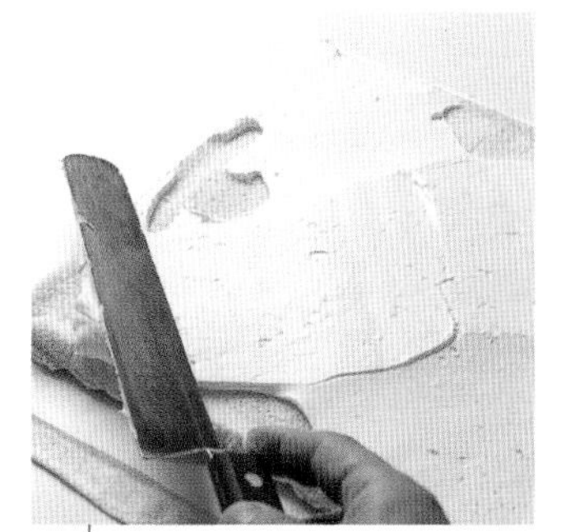

12 把夹心馅放在蛋糕坯中央，用抹刀从中间向四角摊开。特别注意要把角落里面都填满，然后左右大幅度摊平。

整体均匀以后，要让靠近身体一侧的夹心馅略厚，另外一侧略薄。

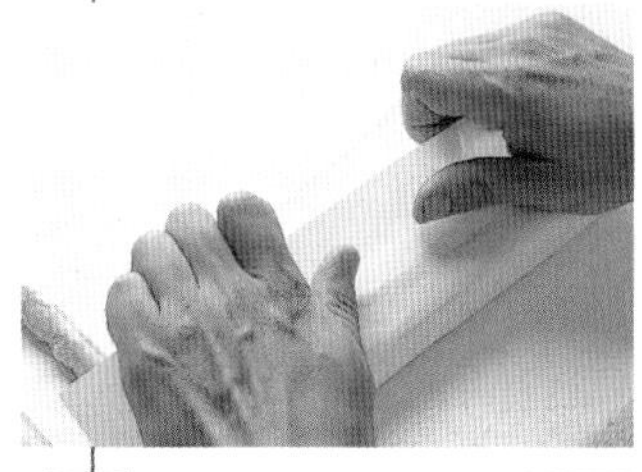

13 提起靠近身体一侧的烘焙纸，从两端紧紧拉平，将蛋糕坯快速卷起来。

把蛋糕坯厚的地方卷起来，成为蛋糕卷芯。

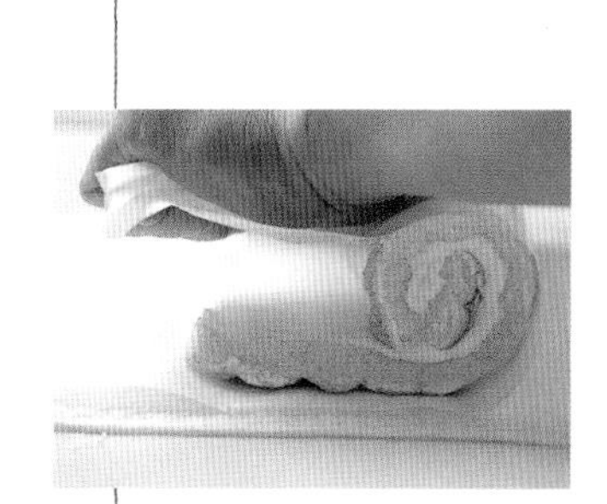

就这样一边向另外一侧卷起烘焙纸，一边用拇指压住蛋糕坯向前滚动。

可以参考做寿司时的打卷要领，一边拉住烘焙纸、一边滚动蛋糕坯。

14

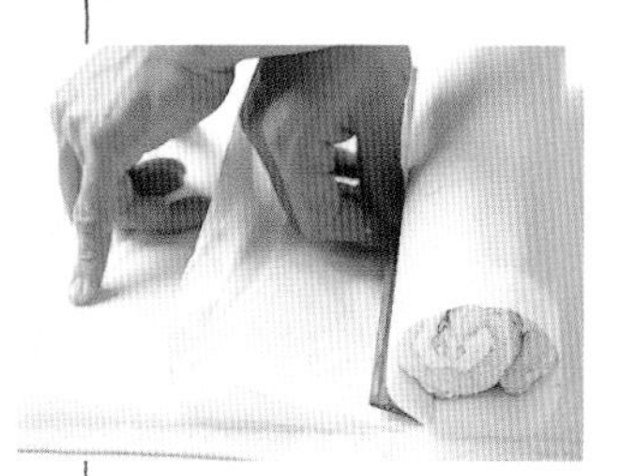

卷好以后，把格尺放在烘焙纸上面，然后向反方向拉动下面的烘焙纸。这样可以纠正蛋糕卷的弯曲和粗细差异。整理好外形以后，用烘焙纸包裹住蛋糕卷，放入冰箱冷藏10分钟。

完成

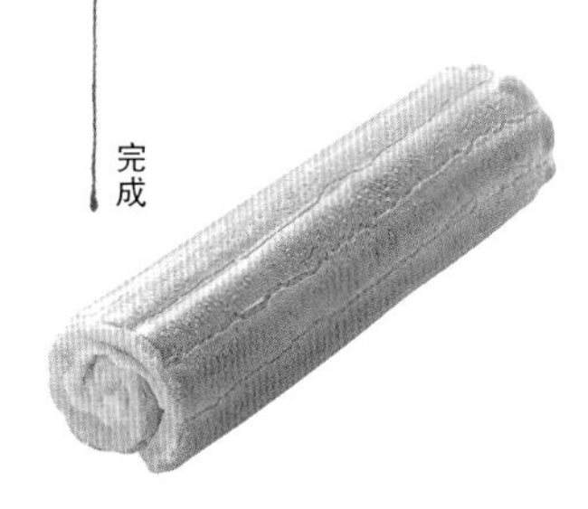

杰诺瓦士面糊+苹果枫糖+淡奶油

稻村省三老师的

苹果枫糖蛋糕卷

裹了枫糖的苹果苦中有甜，与淡奶油搭配在一起，是大人喜欢的味道。

家庭制作蛋糕的时候，通常都选择唾手可得的材料，所以一定要尽量避免失败。而且，我们更应该挑战大家都交口称赞“好吃”的甜品。本着这样的想法，我创意了这款蛋糕卷的食谱。杰诺瓦士面糊中，不含黄油和牛奶，算得上是古朴口味。没有使用糖浆，口感虽然算不上润滑柔软，但绝对充满了鸡蛋的浓香。各位通过这款仅使用鸡蛋、砂糖、小麦粉制作的蛋糕坯，一定能重新认识基本款式的美味。

我在构思这款食谱的时候，正值秋季来临之际，因此自然而然想到了大家都容易入手的苹果。苹果切成薄片，裹上枫糖胶，然后和含有苦甜参半“苹果枫糖”的淡奶油一起，卷进蛋糕卷里。对我来说，蛋糕卷是老幼皆宜，可以随心品尝的甜品。所以无须过度装饰，无须裱花袋和裱花嘴，只要用勺子把奶油酱盛上去就行了。

当我们把蛋糕卷端出来的时候，切成片的蛋糕卷和一整条的蛋糕卷，会给人留下完全不同的印象。根据我们的制作方法、用途、情景，我们可以在装盘方式方面下一些功夫。

材料 ●28cm×28cm的烤盘1个

杰诺瓦士面糊

- 鸡蛋……200g（约4个）
- 细砂糖……120g
- 低筋面粉（"Super Violet" P.8）……70g
- 黄油（烤盘用）……少量

枫糖苹果

- 苹果……可用分量145g（中等大小1个）
- 黄油（无盐）……15g
- 细砂糖①（苹果用）……30g
- 细砂糖②（枫糖用）……20g
- 淡奶油（乳脂肪含量45%）……70g

夹心馅

- 淡奶油（乳脂肪含量45%）……200g
- 细砂糖……12g

准备工具

烘焙纸2张（烤盘用1张、完成用1张）、刷子、隔水加热的热水、电动搅拌器、刮板、冰水、勺子、盆、打蛋器、橡皮刮刀、刮板、小奶锅、抹刀、勺子

奶油酱

杰诺瓦士面糊

枫糖苹果

10cm

流程

制作杰诺瓦士面糊，烘焙。

▼

蛋糕坯出炉冷却期间，制作枫糖苹果。

▼

制作夹心馅。

▼

蛋糕坯冷却后剥掉上面的烘焙纸。

▼

把夹心馅涂抹在蛋糕坯上，摆好枫糖苹果卷成蛋糕卷。

▼

放入冰箱内冷藏定型。

▼

在表面摆放装饰用的夹心馅和枫糖苹果。

推荐品尝时间

完成之日品尝最佳。

保存

冷藏保存3日。

准备

- ●鸡蛋放在室温中恢复至常温。
- ●黄油放置在室温中软化，用刷子涂抹在烤盘的4个立面。然后在烤盘底面刷出对角线的"X"印。取卷式包装的烘焙纸，按照烤盘大小剪开，然后在四角剪开豁口。

- ●开始烘焙之前10分钟，烤箱预热至220℃。
- ●低筋面粉过筛备用。

建议

家用烤箱容易产生烘焙不均匀的问题，所以烘焙过程中需要频繁改变烤盘放置的方向，以免烘焙失败。制作枫糖的时候，请注意加热之后出现的色泽，不要烧焦。苦味适度的枫糖，也是本款甜点美味的秘诀之一。

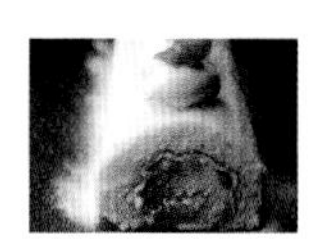

制作杰诺瓦士面糊

1

鸡蛋放入盆中打散，加入细砂糖，用打蛋器搅拌均匀。

2

盆底垫放在热水上，一边加热一边搅拌。达到人体温度（约40℃）以后，从热水上拿起来。

3

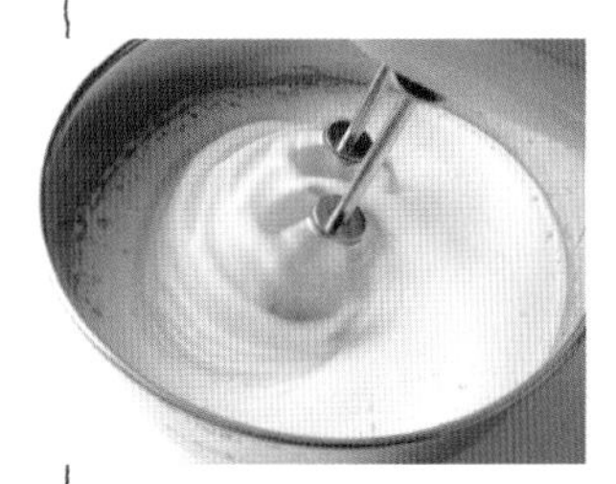

用电动搅拌器高速搅拌约8分钟。

如图，变得细腻后，改为低速。再继续打制1分钟，改善泡沫细腻程度。

提起搅拌器，面糊如图一样不间断流淌下来即可。

4

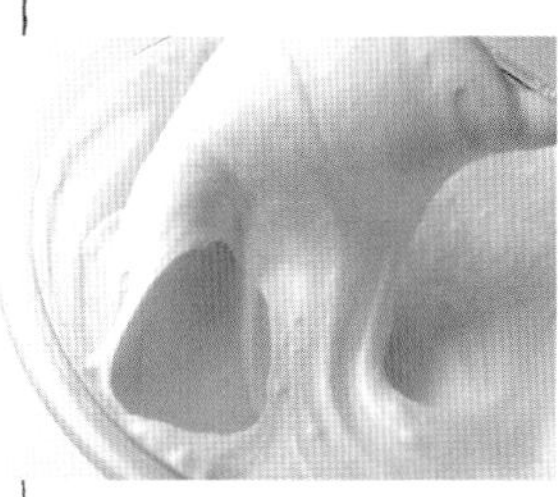

少量逐次加入低筋面粉，用橡皮刮刀从盆底盛起面糊，大幅度搅拌50次左右。

如果还看得到生粉结块，就意味着搅拌程度不够。

面糊完成

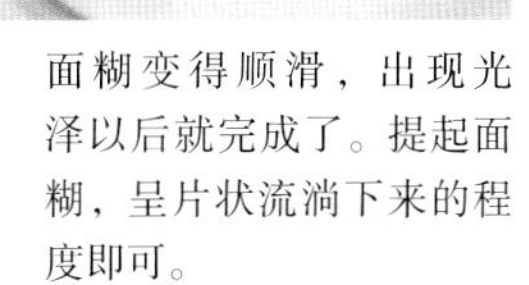

面糊变得顺滑，出现光泽以后就完成了。提起面糊，呈片状流淌下来的程度即可。

5

把面糊倒入铺好了烘焙纸的烤盘中。用刮板把面糊彻底填满4个角以后，再把表面整理平整。

6

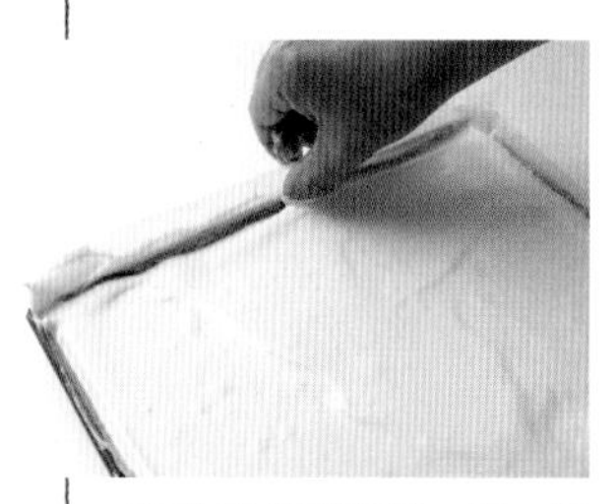

用手指在周围刮一圈，擦掉多余的面糊。

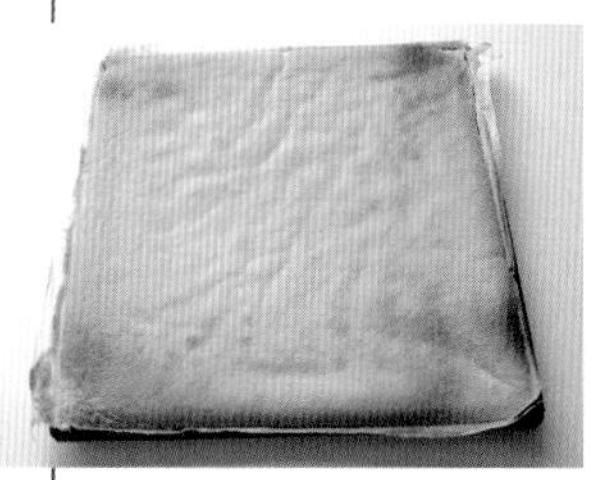

立即放入预热好的烤箱中，设定温度调到180℃后烘焙12~13分钟。出炉后从烤盘中取出，转移到冷却网上，带着烘焙纸一起冷却。

如果使用的烤箱供热不均匀，则应该在开始烘焙后经过5分钟、3分钟、3分钟、2分钟的时候，将烤盘分别按同一方向转动90°。

制作枫糖苹果

7

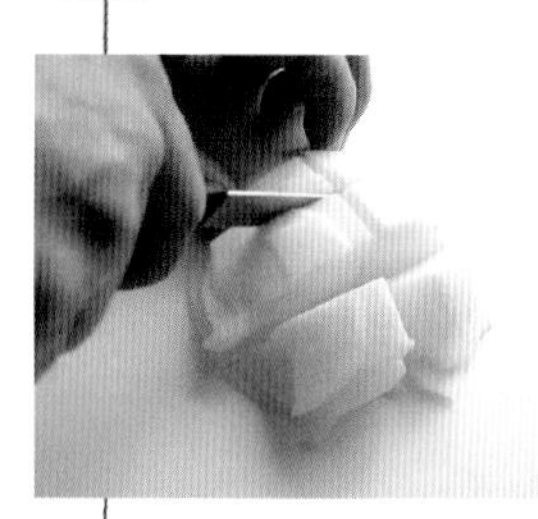

剥掉苹果皮，切成两半以后去核，纵向切成薄片。然后像图中那样切成6等份。

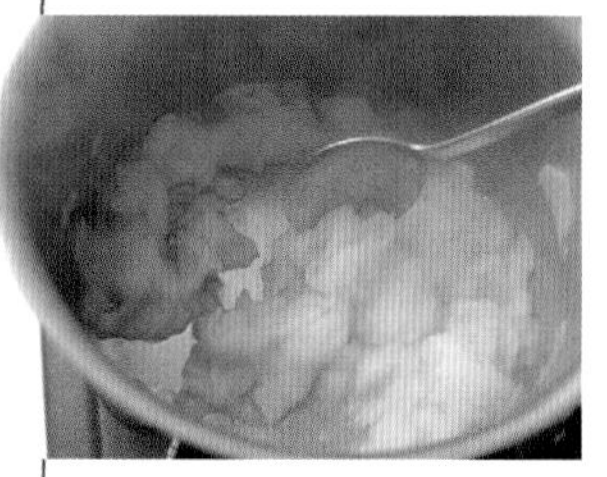

在小奶锅中熔化黄油，放入苹果裹上黄油。分3次放入细砂糖①，不停翻炒。苹果出现透明感以后取出放在盘子里。

8

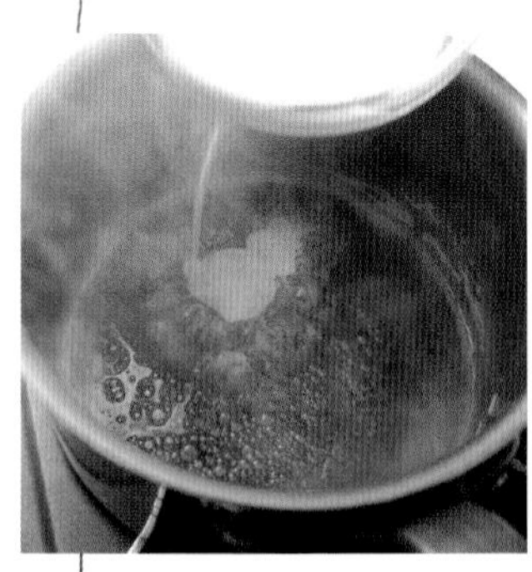

不用清洗7的锅，加入细砂糖②，中火加热慢慢熬成枫糖。出现上图中的枫糖色以后，分3次加入淡奶油，分别快速搅拌混合。

枫糖色越淡，甜度越高，所以我们可以清楚看到味道的平衡。

9

把7混合到8中，从火上取下，然后盛进盘子里冷却。

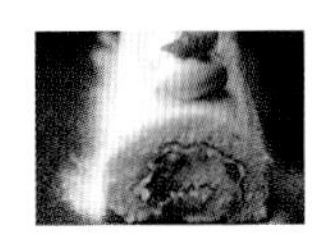

制作夹心馅

10

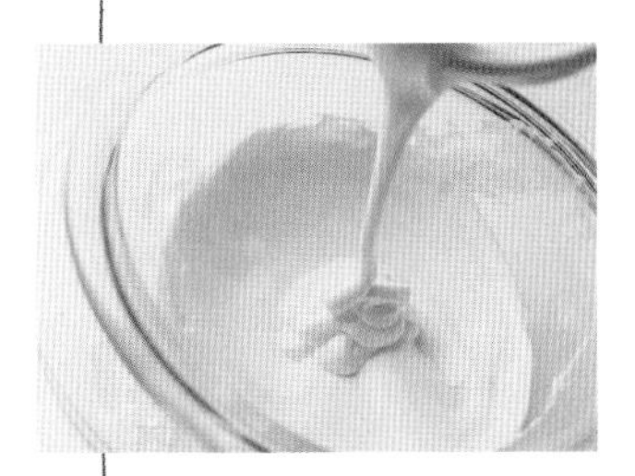

将细砂糖加入淡奶油中，小盆底部垫放在冰水上面，用电动搅拌器打发。提起搅拌器叶片的时候，呈现出如上图状态时，则搅拌结束。

完成，装饰

11

把6反扣过来，小心地把烘焙纸摘掉。取一张干净的烘焙纸，盖在蛋糕坯上，然后把烤盘压在上面。

蛋糕坯、冷却网和烤盘像三明治一样夹在一起，翻过来放在台面上。拿掉烤盘和冷却网。

12

取半量10的夹心馅，放在蛋糕坯中央，然后用抹刀整体涂均匀，剩余的夹心馅用来做装饰。

取部分9的枫糖苹果，在靠近身体侧摆放一列，作为卷芯。留出用来做装饰的苹果，剩余部分全部撒在蛋糕坯上。

13

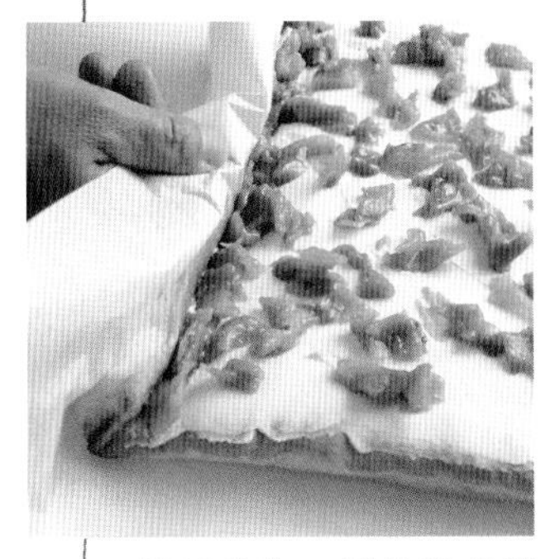

靠近身体一侧的卷芯部分裂开也没关系，仔细卷紧，然后提起烘焙纸，滚动蛋糕坯卷起来。

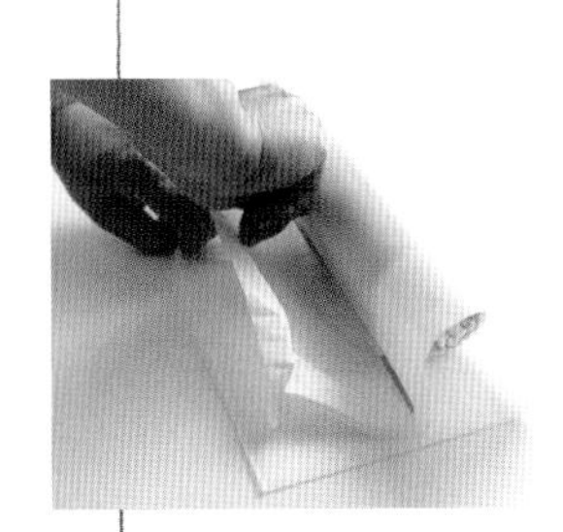

包裹着烘焙纸，改变蛋糕卷方向。如图所示，把格尺放在烘焙纸上面，从下面拉动烘焙纸裹紧蛋糕卷，然后放入冰箱冷藏1小时。

此处可以调整粗细，纠正形状。

14

把用来做装饰的夹心馅打至8分发，然后用温热好的勺子转动着盛起夹心馅，慢慢点缀在蛋糕卷上面。注意保持均匀的间隔距离。最后把剩余的枫糖苹果放在夹心馅上面。如果喜欢，还可以在蛋糕卷两端撒一些糖粉（分量外）。

完成

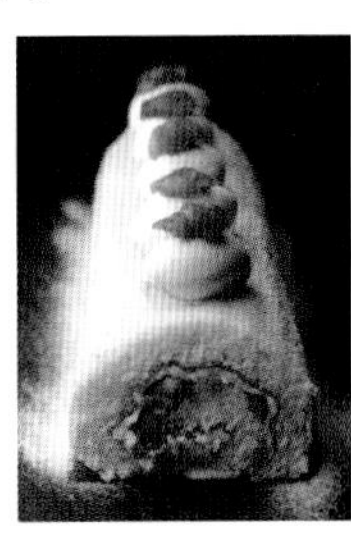

山本次夫老师的

柑橘蛋糕卷

柠檬香四溢的蛋白奶油霜和蜂蜜气息浓厚的蛋糕坯交织在一起，美味无比。

说到蛋白奶油霜，总会隐隐约约出现厚重油腻的感觉。这是因为在1955—1965年期间，蛋白奶油霜蛋糕盛行时代总是使用起酥油或植物牛油制作甜点。生硬的油脂残留在舌头上的那种感觉，把蛋白奶油霜口感不好这种印象深深地植入到消费者的脑海里。其实说到原因，还是因为选材不当。本品中用到的夹心馅，是口感上乘、风味绝佳的蛋白奶油霜。特别是接触到舌头的瞬间四溢开来的香气，绝对有别于起酥油或植物牛油的效果。黄油本身的味道也会决定蛋白奶油霜的味道，所以请一定要使用优质产品。

现如今的蛋糕卷，已经充分具备了法式甜点所不具备的日式甜点风格，所以才应该做出入口即化、丝柔润滑的日式风格。为了实现这样的效果，我们采用了麸质较少的“特宝笠”面粉，加入了提升丝滑口味的转化糖和蜂蜜。这种组合非常接近卡斯特拉蛋糕。选用西班牙产柠檬汁调制蛋白奶油霜，微苦的味道动人心弦。其实，正是因为遇到了这款柠檬汁，我才构思了这款柑橘蛋糕卷。在奶油霜蛋糕的身影不断消失的现如今，希望大家多少记得一些黄油奶油酱的美味。愿君品尝。

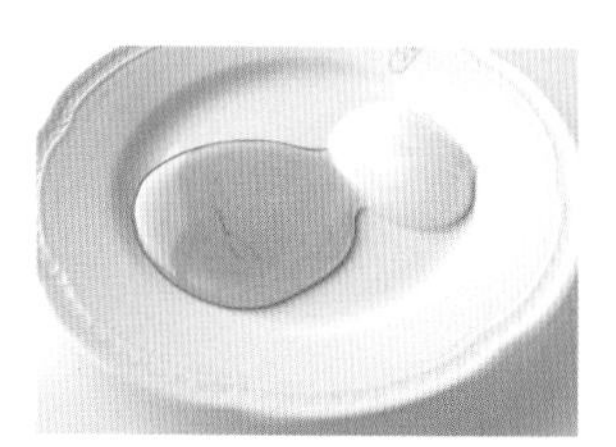

面糊中加入的蜂蜜（左）和转化糖（P.92），增加了柔滑的质感。

材料 ●28cm×28cm的烤盘1个

柠檬口味的杰诺瓦士面糊

- 全蛋蛋液……144g（M号鸡蛋约3个）
- 细砂糖……64g
- 转化糖（P.92，或者是糖饴）……10g
- 蜂蜜……4g
- 低筋面粉（“特宝笠”P.8）……58g
- 牛奶……20g
- 柠檬皮（用于切柠檬碎）……2g

夹心馅

- 细砂糖……45g
- 柠檬果汁（西班牙产，或者是浓缩柠檬汁）……11g
- 蛋白……23g（M号鸡蛋约3/4个）
- 黄油（无盐）……68g
- 浓缩柠檬汁（P.92）……15g

巧克力镜面淋酱（P.92 白巧克力款式）……100g

起酥油（或黄油，用于准备烤盘）……少量

准备工具

刷子、温度计、格尺、刀、烘焙纸4张（烤盘用1张、完成用2张、纸筒1张）、打蛋器、电动搅拌器、橡皮刮刀、小奶锅、耐热盆、碗、抹刀、切刀

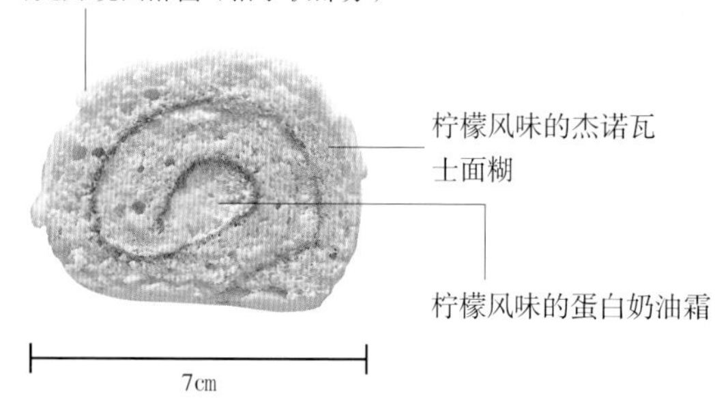

建议

制作蛋白奶油霜，最初开始搅拌黄油的时候，还有与蛋白霜混合的时候，应该使用橡皮刮刀搅拌并尽量避免空气混入。如果使用打蛋器搅拌，使大量空气混入，会导致口感恶化。另外，使用蛋白奶油霜制作糖浆的时候，请用柠檬果汁来代替水。因为细砂糖容易焦煳，所以当开始熔化沸腾的时候，就马上开始快速搅拌。

流程

制作柠檬风味的杰诺瓦士面糊，烘焙。

▼

蛋糕坯出炉冷却期间，制作蛋白奶油霜。

▼

蛋糕坯冷却后剥掉上面的烘焙纸。

▼

把夹心馅涂抹在蛋糕坯上，卷成蛋糕卷。

▼

放入冰箱内冷藏1小时定型，同时让蛋糕坯和夹心馅更稳定。

▼

在表面摆放装饰品。

推荐品尝时间

完成之后尽快品尝。

保存

冷藏保存5日。

准备

- 鸡蛋放在室温中恢复至常温。
- 在烤盘中铺好烘焙纸（P.11）。用刷子先把起酥油涂抹在烤盘的4个立面，然后是烤盘底面和对角线。烘焙纸的面积要比照烤盘底大出1.5cm的一圈，然后在四角剪开豁口铺进去。

- 制作柠檬皮碎。白色部分味道比较苦，所以只使用黄色部分即可。
- 制作纸筒（P.65）。
- 烤箱预热至220℃。
- 低筋面粉过筛备用。

制作柠檬风味的杰诺瓦士面糊

1

鸡蛋放入耐热盆中轻轻打散，加入细砂糖、转化糖和蜂蜜混合。中火加热，一边快速搅拌，一边加热到40℃左右。

> 加热的同时，需要用手指确认温度。理想温度应略高于人体的温度。如果温度不适当，鸡蛋就熟了，所以请一定要注意火候大小和关火时间，也可以垫放在热水盆上加热。

从火上取下来，趁热以电动搅拌器的高速一气呵成打发。变白、变蓬松以后换成低速，最终状态应该是提起来以后会“滴答滴答”流淌，而且痕迹会慢慢消失。摸摸盆底，如果盆底还是热的，就缓慢搅拌一段时间使其冷却。牛奶放入微波炉中加热至人体温度。

要让面糊的每一个部分都接触到搅拌器的叶片，所以可以稍微倾斜小盆和搅拌器。

2

拎起纸，慢慢把过筛备用的低筋面粉撒进盆里。单手把盆向靠近自己一侧旋转，然后用橡皮刮刀从底部盛起面糊搅拌。

这个过程的要点，是一边倒进面粉，一边快速搅拌。为了便于尽快把面糊搅拌好，可以尝试两人搭配操作。

3

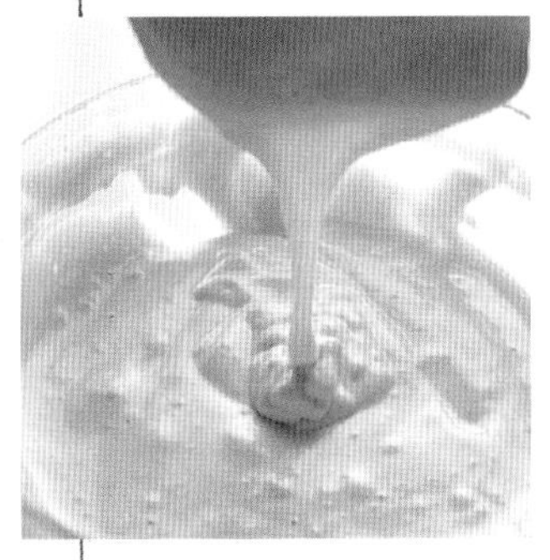

看不见干粉以后，加入柠檬皮碎和加热到人体温度的牛奶，整体搅拌均匀。完成以后，面糊可以从上面顺畅地流淌下来即可。

4

把面糊倒进准备好的烤盘中。

用手指在周围刮一圈，擦掉多余的面糊。

如果不擦掉粘在烤盘边缘的面糊，之后就会被烤煳。

5

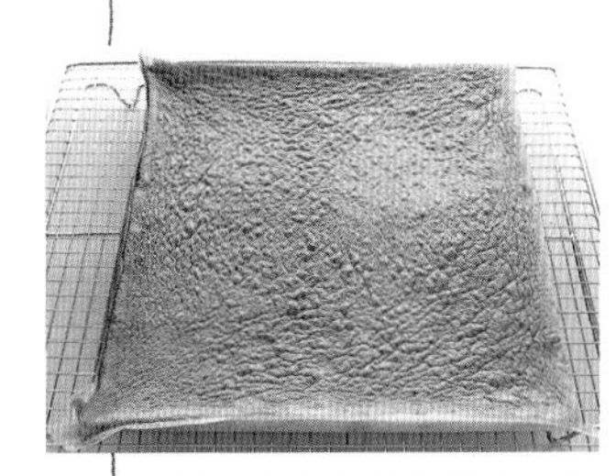

放入预热好的烤箱中，设定温度下调到200℃后烘焙6~7分钟。出炉后从烤盘中取出，转移到冷却网上，带着烘焙纸一起冷却。

制作夹心馅

6

细砂糖和柠檬果汁放入小奶锅中，整体混合均匀之前都用小火加热。同时开始打制蛋白奶油霜（请参考下一页的说明）。

砂糖完全溶解，开始沸腾时，要快速开始搅拌。用温度计确认，加热到117℃。

请注意，不要让温度计接触到锅底。

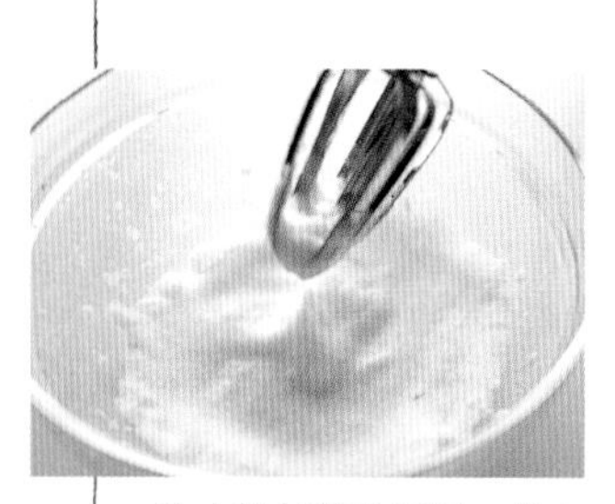

给小锅加热的同时，以电动搅拌器低速打发。理想状态如上图，需要出现坚挺的小犄角。

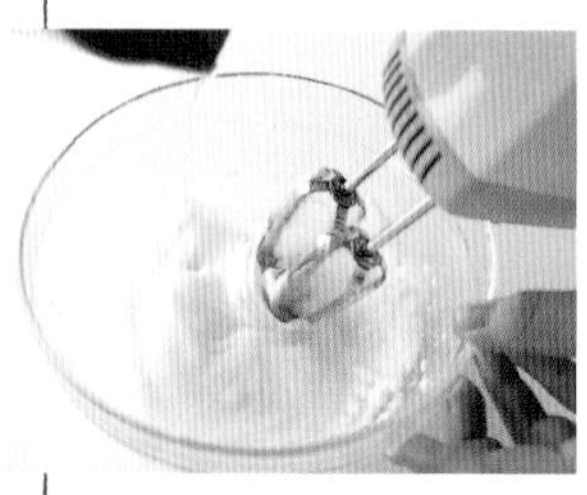

微量缓慢地倒入加热到117℃的糖浆，以电动搅拌器的高速画大圆搅拌，使其混合均匀。

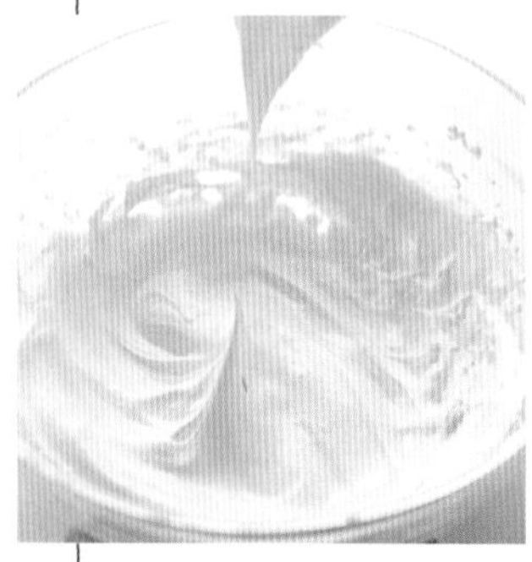

成品状态如上图，就表示已完成。提起电动搅拌器的时候，犄角坚挺上扬。

7

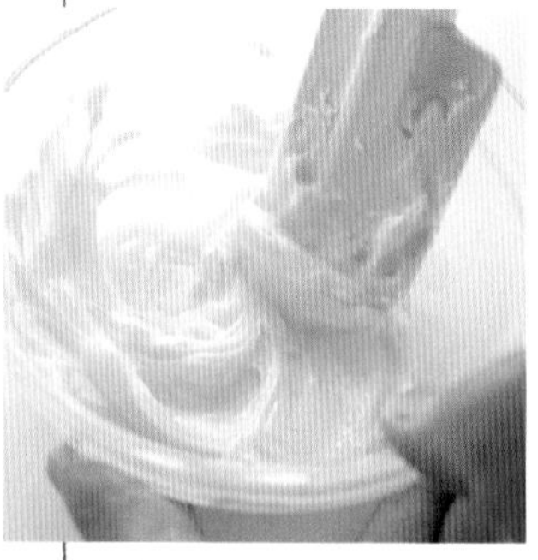

黄油在室温中恢复柔软，放在另外一个碗里，用橡皮刮刀搅拌混合成霜状。

搅拌的时候，尽量不要混进空气。如果混入空气，会导致口感恶化。

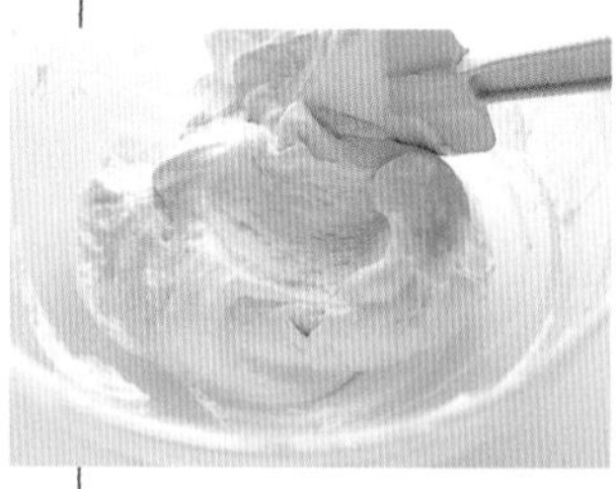

取半量的6中的蛋白霜，放进碗里。混合均匀以后把另外一半蛋白霜也放进来，继续搅拌。

放入剩余的黄油，轻轻混合。加入浓缩柠檬汁以后继续充分搅拌。

完成，装饰

8

蛋糕坯完全冷却以后，从立面开始剥掉烘焙纸，然后盖一张干净的烘焙纸，整体反扣过来。把下面的烘焙纸掀起一半折过去，然后再盖上干净的烘焙纸反扣回去。

9

夹心馅涂抹完成

把夹心馅涂抹在蛋糕坯中间，用抹刀四面摊平。特别是蛋糕坯的四角需要涂满。整体平整以后，让靠近身体一侧的夹心馅略厚，反方向略薄一些。

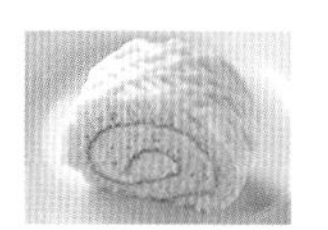

10

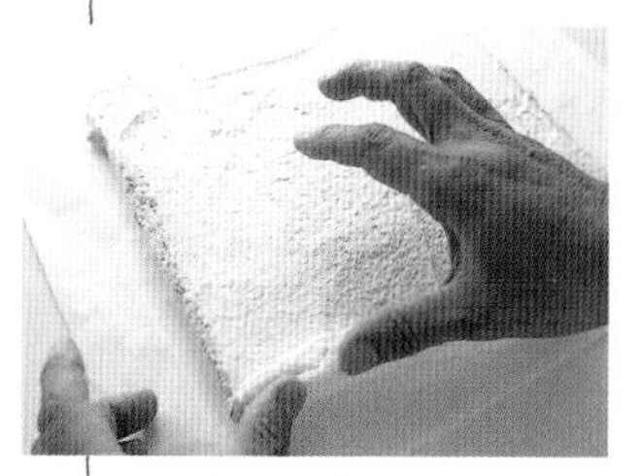

从靠近身体一侧，用手指提起蛋糕坯稍微卷起来，然后轻轻向前方滚动。这个步骤是为了做出卷芯。

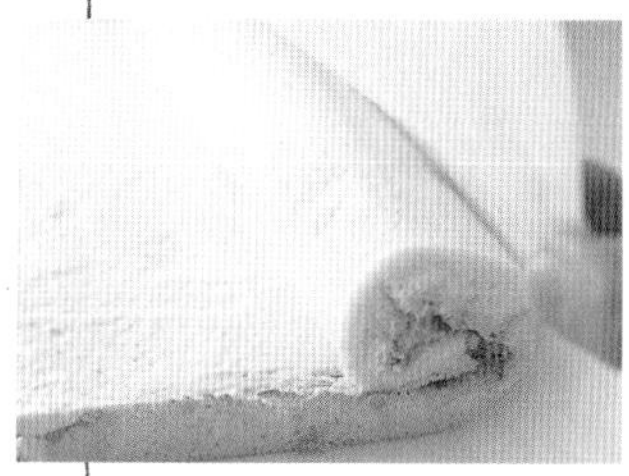

提起靠近身体一侧的烘焙纸，紧绷着卷向前方蛋糕坯。

可以参考做寿司时的打卷要领，一边拉住烘焙纸，一边滚动蛋糕坯。

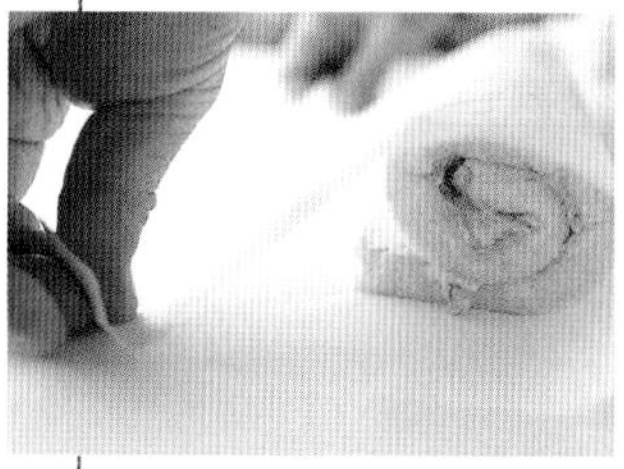

继续向前卷动烘焙纸，让烘焙纸两端重合起来，把蛋糕坯完全卷好。

11

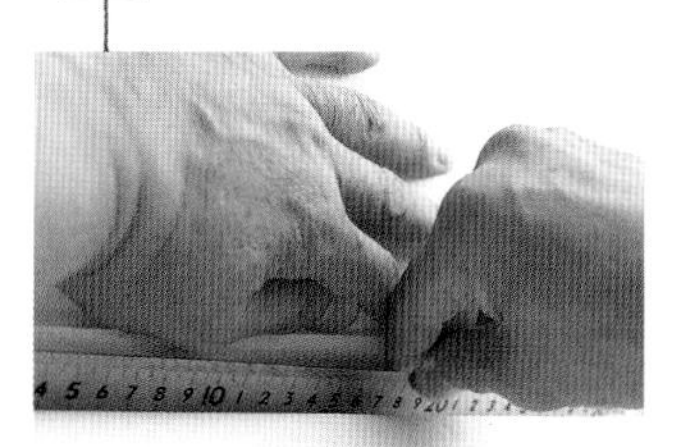

卷好以后，把格尺压在烘焙纸上面，单手从下面拉动烘焙纸，另一只手用格尺裹紧包裹着蛋糕卷的烘焙纸。这样做的目的是修正蛋糕卷的弯曲等问题。卷好以后，直接用烘焙纸包裹住蛋糕卷，卷尾朝下放入冰箱中。冷藏1小时使其定型。

12

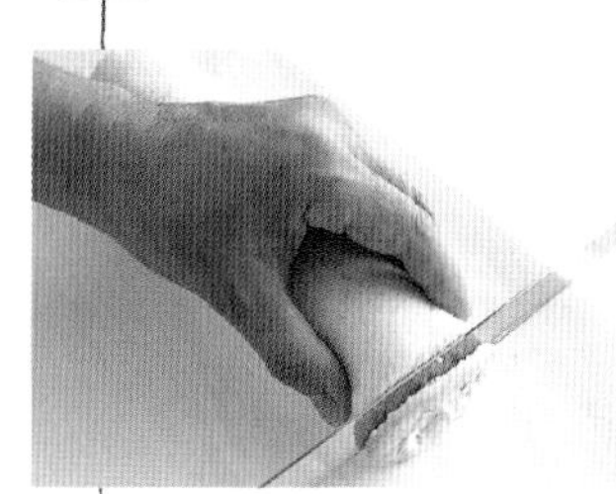

切刀放入热水中加热，擦干后切掉蛋糕卷两端。

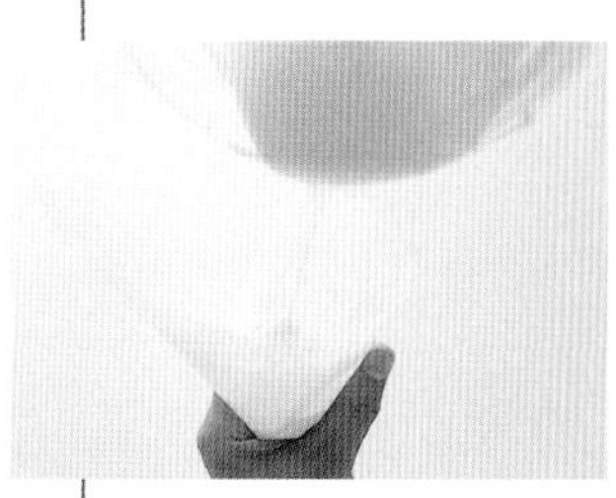

巧克力镜面胶放入微波炉加热2分钟，使其变软，然后装进纸筒中，在纸筒头部剪出直径2mm的剪口。

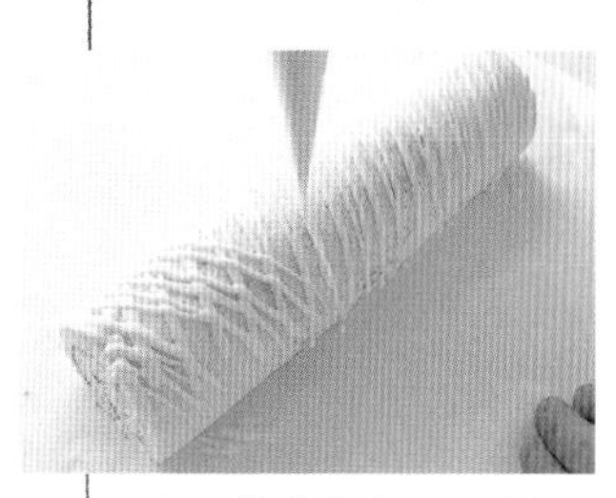

在蛋糕卷的表面，画出巧克力镜面胶的格子形花纹。

完成

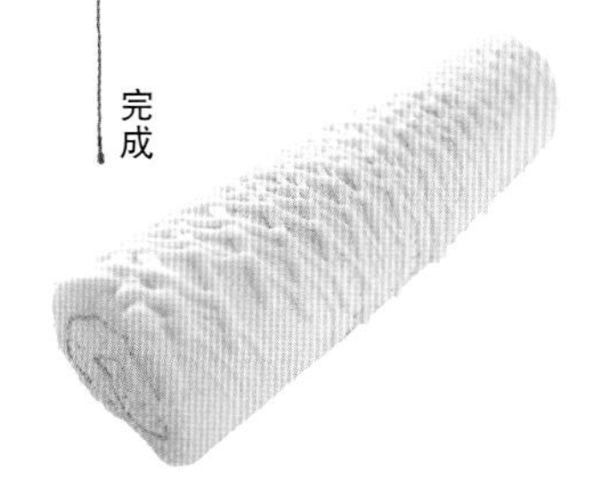

杰诺瓦士面糊+草莓果酱

山本次夫老师的
草莓果酱蛋糕卷

令人忘记年龄的招牌蛋糕卷，味道甜美、品质上乘。

建议

虽然只有一个烘焙的工序，但是蛋糕坯质地非常轻盈。选择含有草莓果肉的低糖款草莓果酱。当然，自家做的草莓果酱更好。

材料 ●28cm×28cm的烤盘1个

杰诺瓦士面糊

- 全蛋蛋液……144g（M号鸡蛋约3个）
- 细砂糖……64g
- 转化糖（P.92, 或者是糖饴）……10g
- 蜂蜜……4g
- 低筋面粉（"特宝笠" P.8）……58g
- 牛奶……20g

草莓果酱（P.93，含果肉款）……122g

糖粉（装饰用 P.92）……适量

准备工具

烘焙纸2张、金属钎子、茶滤

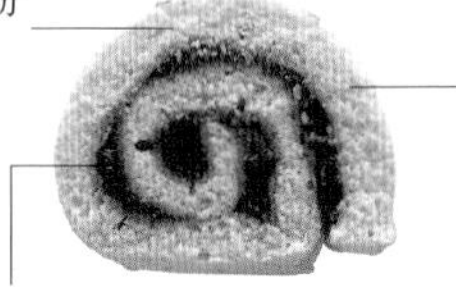

流程

制作杰诺瓦士面糊，冷却以后涂抹草莓果酱，卷成蛋糕卷。表面撒糖粉后，用金属钎子画出花纹。

推荐品尝时间

完成之后尽快品尝。

保存

冷藏保存5日。

准备

- ●鸡蛋放在室温中恢复至常温。
- ●在烤盘中铺好烘焙纸（P.11）。
- ●烤箱预热至220℃。
- ●低筋面粉过筛备用。

制作方法

杰诺瓦士面糊的制作方法，与柑橘蛋糕卷（P.58）基本相同。柠檬皮碎的制作方法也一样。蛋糕坯冷却以后，摘掉烘焙纸，涂抹草莓果酱以后卷起来。做表面装饰的时候，要用茶滤把糖粉撒下来。最后用火直接加热金属钎子后，按压在蛋糕卷表面，画出格子花纹。

 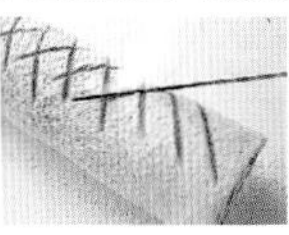 

蛋糕卷的变迁

在欧洲，蛋糕卷起源于圣诞节的圣诞树蛋糕卷（bûche de Noël）。除了这个季节以外，甜品店里几乎不会出现蛋糕卷这种食品。后来，蛋糕卷渐渐成了市面上销售的普通商品。特别是解除了原材料统一管理制度以后，不需要模具和特殊材料的蛋糕卷更是盛行起来。当时的主流产品，是中间卷着果酱的蛋糕卷，也被称为“瑞士卷”。之后，随着冷藏保存的普及，使用卡斯特拉蛋糕坯和水果装饰的款式慢慢占据了整个市场。在高度成长期的20世纪60年代，伴随着圣诞节蛋糕的风潮，圣诞节蛋糕卷闪亮登场。现在，为满足消费者对原料品质的追求和偏好，市面上的蛋糕卷可谓五花八门。

纸筒的制作方法

需要做装饰或者画极细线条的时候，需要使用手工制作的纸筒（裱花袋）。可以使用烘焙纸或蜡纸等任何表面光滑的纸张。

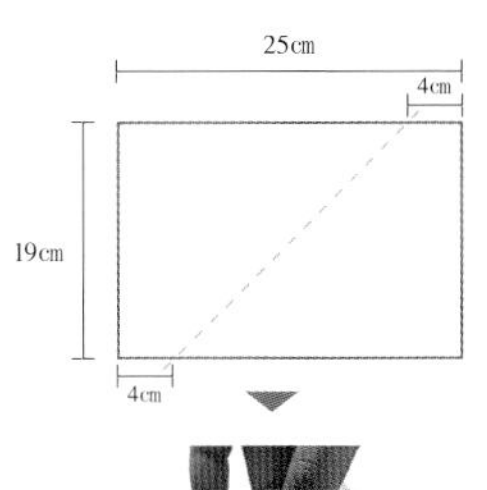

1 参考左图，沿着格尺，用小刀裁开。如果对折以后再裁开，那么对折的部分正好会成为出口，影响挤出效果，所以不应该折纸。推荐使用左图尺寸。

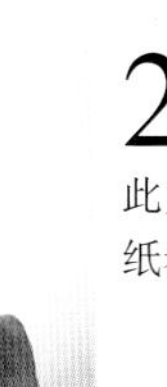

2 从顶点到对边的垂直线，会成为挤出口。以此为顶点（纸筒尖部），把纸卷成筒状。

3 开口部分的纸重叠，用食指和拇指按住，然后向相反方向推纸，争取把开口部分堵上。

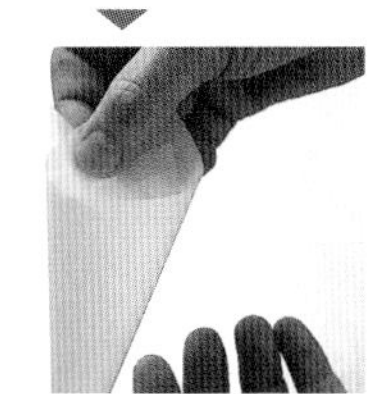

4 向上提拉外侧的纸，把顶点完全遮挡住。严严实实地遮挡好以后，把开口部分凸出来的纸向内侧折回去。

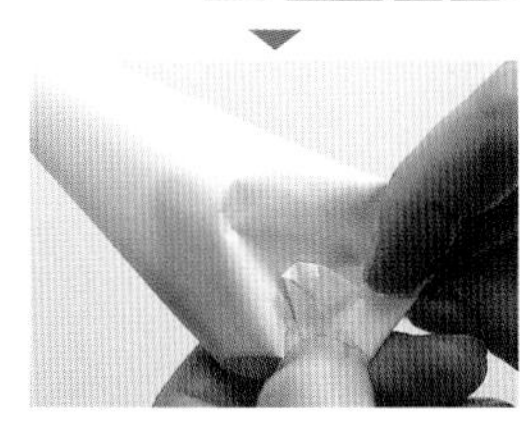

5 装入所需材料，完全送到纸筒下面。避免空气从开口处进入，应该把纸向内折过来，然后再折一圈封口。剩下的三角部分的纸对折好，使用前把纸筒尖部剪开豁口。

裱花袋的使用方法

裱花袋的用途有很多，既可以把淡奶油挤成各种各样的形状，点缀在蛋糕卷上，也可以用来把面糊挤在烤盘上。

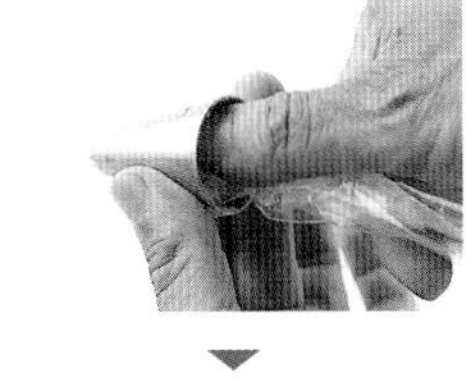

1 把裱花嘴装配在裱花袋上，其实就是把裱花袋塞进裱花嘴的过程。上面的部分，可以在开始使用之前拉伸开。这样的做法，可以避免稍后装材料的时候裱花嘴掉下去。

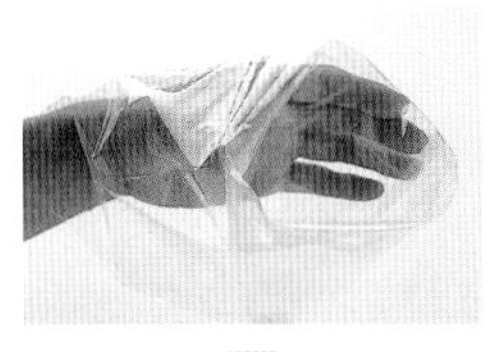

2 裱花袋向外翻开一半，左手张开成为握手的姿势，然后像左图这样把手伸进裱花袋折叠部分。

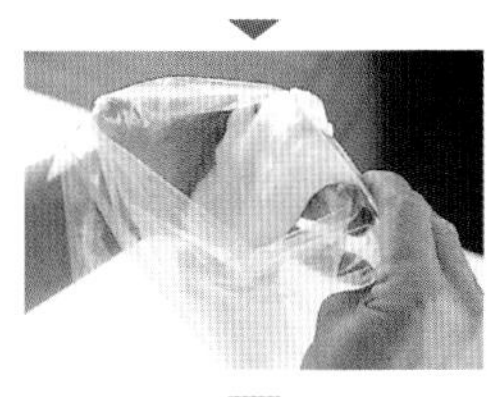

3 用刮板盛起所需材料，用伸进裱花袋下面的手，把材料集中到裱花袋下面。装入材料的分量，应该是单手可以包裹住的程度。

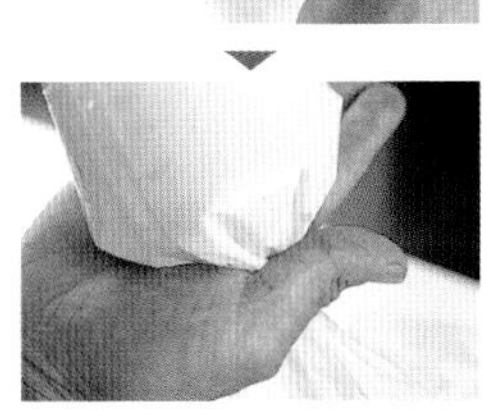

4 装好材料以后，全部挤送到裱花袋最前端，然后把裱花袋上半部分叠起来，用右手的拇指和食指根部握紧裱花袋。把裱花嘴上面的裱花袋拉平，然后从裱花嘴的下面挤出材料。

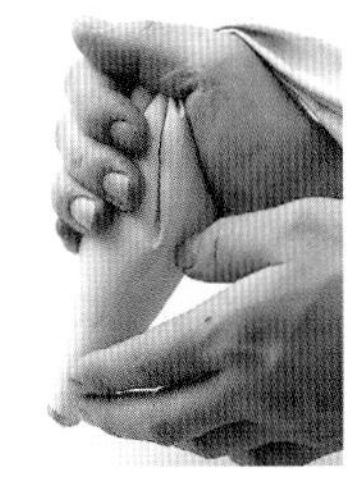

正确的使用手法

左手轻轻扶在裱花嘴附近。主要依靠右手挤出材料，左手起到引导方向的作用。中间的材料慢慢变少以后，手也应该相应下移。如果上面垂下来的裱花袋影响操作，可以用食指卷起来。

舒芙蕾面糊+伊予柑橘果酱+淡奶油

横田秀夫老师的

伊予柑橘蛋糕卷

香气十足的柑橘果酱和淡奶油，同时出现在质地润滑的舒芙蕾蛋糕坯上，搭配完美。

这款蛋糕卷，诞生于8年前“果子工房Oak Wood”开张之际。当时我满脑子都充满了“应季甜点”的念头，一门心思想着怎么能通过蛋糕卷反映季节变换。有一天，我碰巧要用伊予柑橘做果酱，就自然而然地萌发了制作这款蛋糕卷的想法。果酱虽然甘甜，但是味道清爽。蛋糕坯虽然轻盈，但是味道并不输给果酱。所以我放弃了杰诺瓦士蛋糕坯，选择了更加厚重的舒芙蕾蛋糕坯。关于小麦粉，我选择了适合制作卡斯特拉蛋糕，口感厚实的Violet低筋面粉与高筋面粉配合使用。我们同时关注了应季水果的果酱，不亚于果酱的蛋糕坯，这正是这款蛋糕卷的特色所在。

果酱的甜度柔和顺滑，但是为了进一步改善口感，还要在表面涂一层乳脂肪含量为45%的淡奶油。有了这款淡奶油，整个蛋糕卷的美味才算真正诞生，所以绝对不可以忽略这个环节。用平口裱花嘴把淡奶油挤出来，然后再利用刮刀前面的弧度摊开，可谓完全不需要技巧的操作。

另外，不但可以使用日常可见的普通橙子，还可以根据季节变化选用清见橙和丑橘。请享受快乐的制作过程。

使用应季柑橘自己制作果酱，也是给这款蛋糕卷加分的秘诀。本店春夏之间会提供“清见橙蛋糕卷”。

材料 ●28cm×28cm的烤盘1个

舒芙蕾面糊

- 黄油（无盐）……34g
- 牛奶……63g
- 全蛋蛋液……43g（约4/5个）
- 蛋黄……63g（约3个）
- 蛋白……125g（约4个）
- 细砂糖……54g
- 蔗糖（P.90）……16g
- 低筋面粉（“Violet”P.8）……34g
- 高筋面粉……14g
- 泡打粉……2.5g

伊予柑橘果酱

- 伊予柑橘……250g
- 细砂糖①……200g
- 橙汁……100g
- 明胶（P.93）……5g
- 细砂糖②……5g

夹心馅

- 淡奶油（乳脂肪含量45%）……100g
- 细砂糖……8g

准备工具

烘焙纸2张（烤盘用1张、完成用1张）、格尺、刮刀、裱花袋、平口裱花嘴（2cm宽）、冰水、锅、盆、木质刮刀、抹刀、刮板、切刀

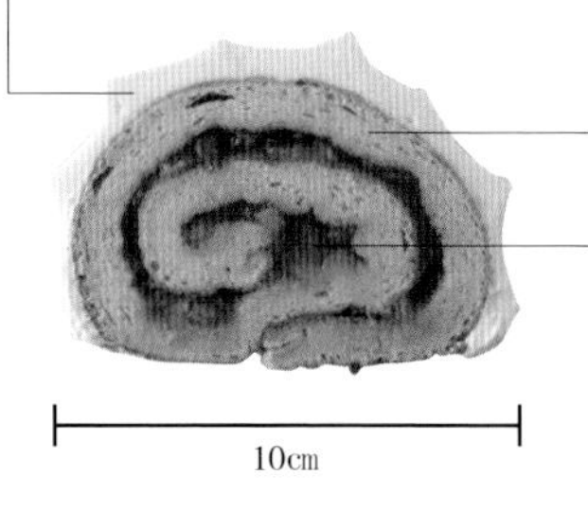

建议

制作伊予柑橘果酱的时候，在马上就要沸腾之前关火，然后盖上盖子闷15分钟，这个环节还需要重复若干次，使柑橘皮也变软。煮好以后再把柑橘切开，会让切面和口感都更上一层楼。季节不同，用来制作果酱的柑橘种类会有变化，例如伊予柑橘、清见柑橘等应季品。当然，全年均有销售的普通柳橙亦可。

流程

制作伊予柑橘果酱。

▼

制作舒芙蕾面糊。

▼

蛋糕坯出炉冷却期间，制作淡奶油。

▼

蛋糕坯冷却后剥掉上面的烘焙纸。

▼

把伊予柑橘果酱涂抹在蛋糕坯上。

▼

卷好蛋糕卷以后放入冰箱冷藏。

▼

点缀淡奶油，切开。

推荐品尝时间

完成后尽早食用。

保存

冷藏保存1日。

准备

- 鸡蛋放在室温中恢复至常温。
- 在烤盘上铺烘焙纸（P.11）。
- 各种面粉混合后过筛备用。
- 烤箱预热至220℃。

※本食谱中照片与实际操作不同，使用了40cm×60cm的烤盘，所以看起来的分量与实际结果不同。

制作伊予柑橘果酱

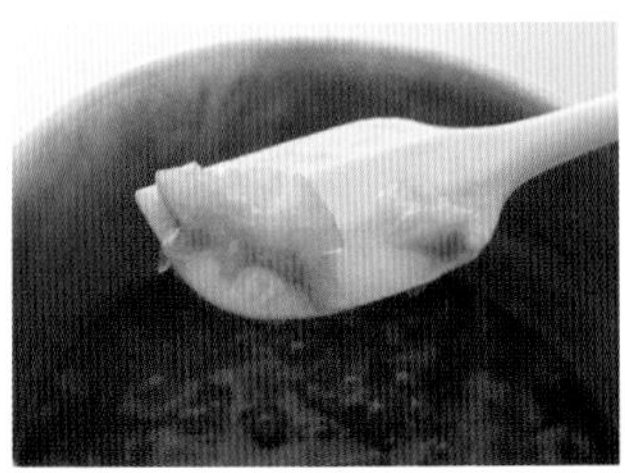

1 把伊予柑橘洗干净，纵向切成16等份后，片成3mm的薄片。加入细砂糖①混合，然后在冰箱内冷藏静置一夜。加入橙汁以中火加热，即将沸腾之前关火，盖上盖子闷15分钟。这个步骤要重复3~5次才能让柑橘皮全部软化。

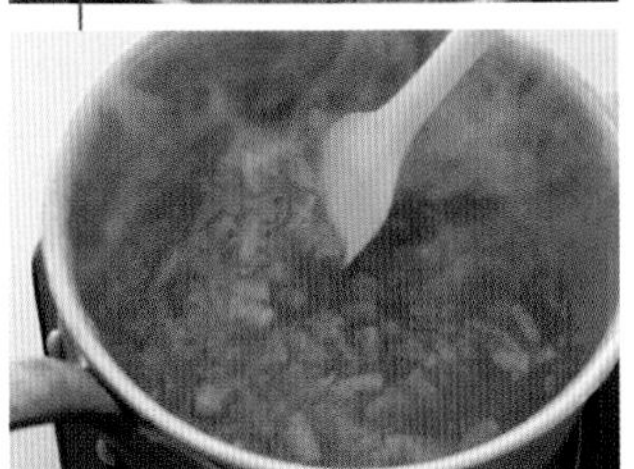

2 加入明胶和细砂糖②，仔细混合好以后，小火煮2~3分钟。

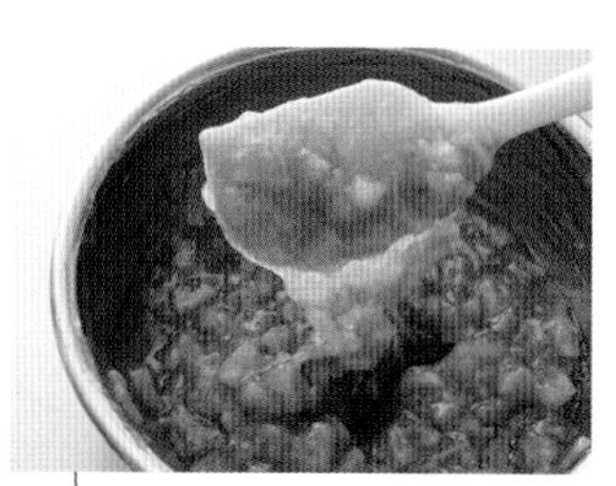

煮到黏稠度恰到好处的时候，从火上拿下来，放在冰水上冷却。

制作舒芙蕾面糊

3

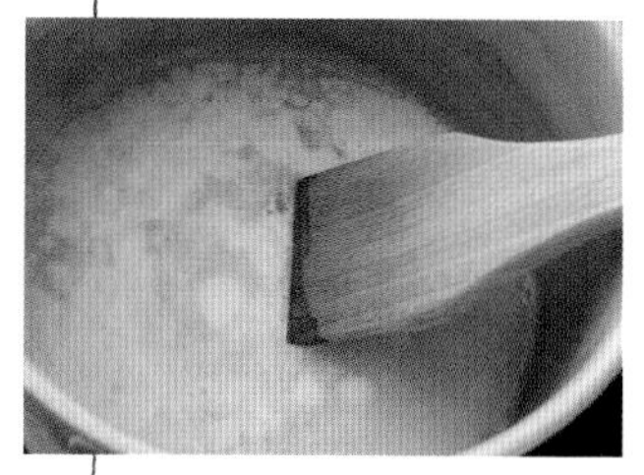

牛奶和黄油放入锅中，点火加热直到沸腾。

此处需要确认黄油完全熔化。如果黄油没有完全熔化，会导致成品蛋糕坯状态不佳。

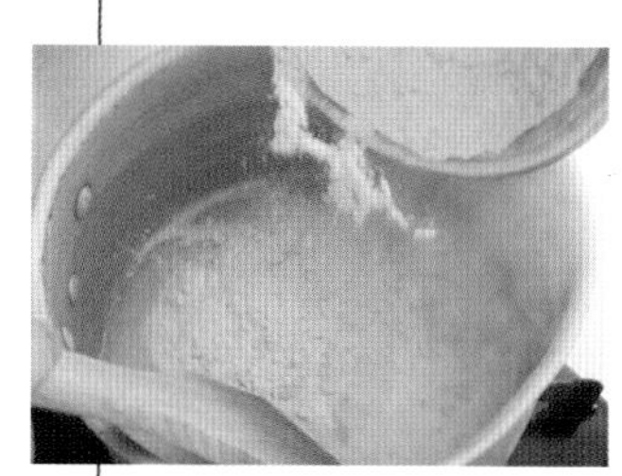

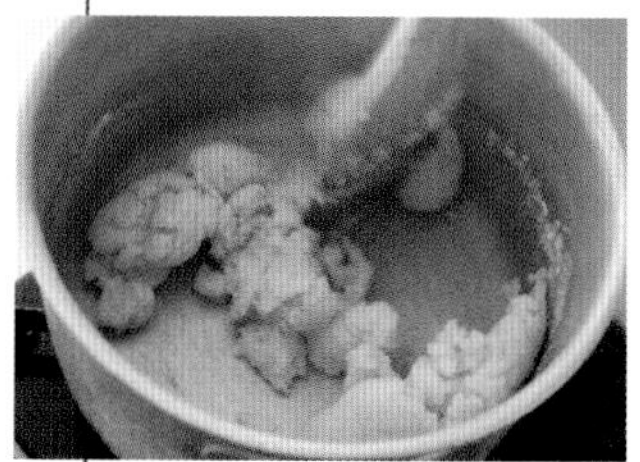

加入过筛备用的面粉，关火。用刮刀快速搅拌混合。

4

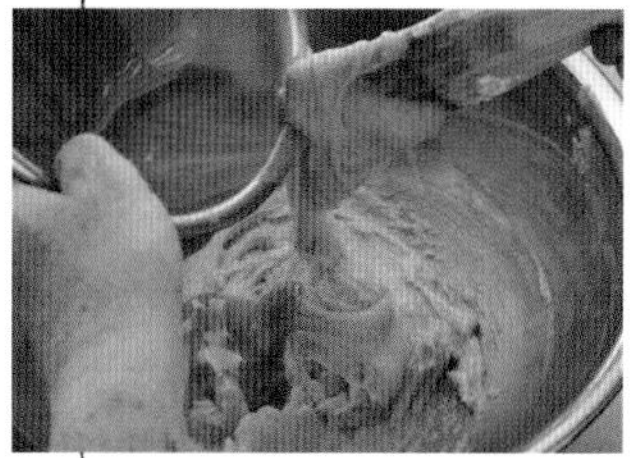

转移到小盆里。慢慢地陆续加入鸡蛋、蛋黄混合。时不时用刮刀从盆侧面把粘在盆上的面糊刮下来。

刚开始混合的时候，要特别仔细地进行第1~2次搅拌。这是为了防止材料出现分离状态。

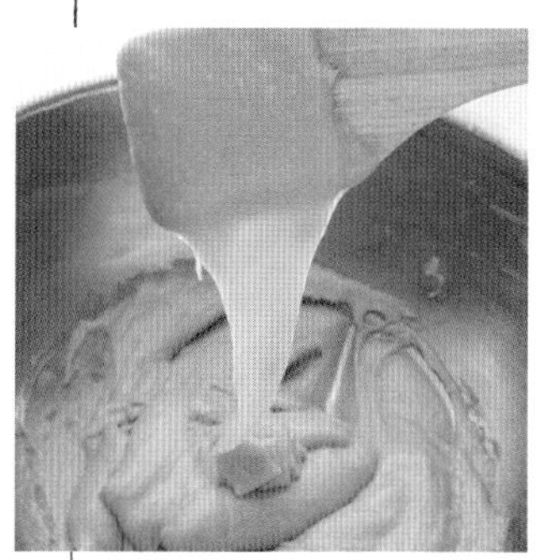

完成以后的面糊是这样的：用木质刮刀盛起来，呈现出三角形面片，能慢慢地流淌下来。

5

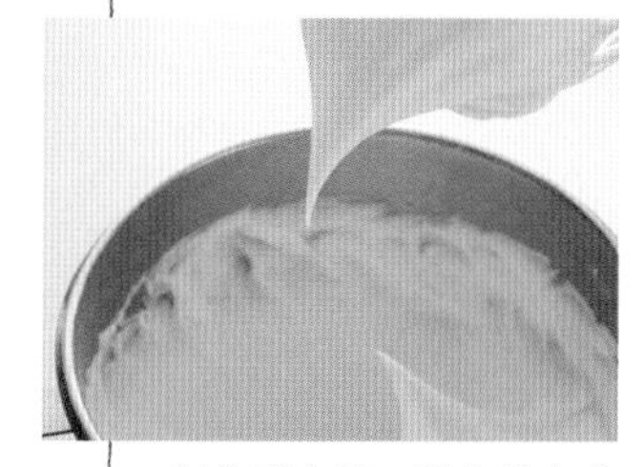

制作蛋白霜。蛋白放入盆中，加入蔗糖打发。6分发程度的时候加入细砂糖继续搅拌，制作坚挺紧致的蛋白霜。

6

把5少量逐次加入4的面糊中，用刮刀从盆的中心部开始搅拌，仔细混合均匀。

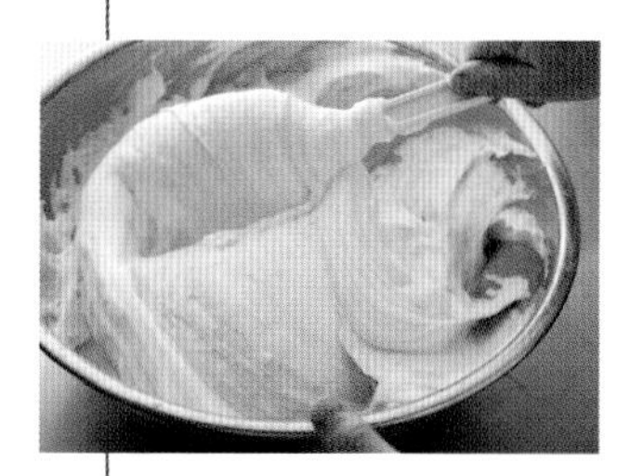

加入剩余的蛋白霜，继续仔细搅拌。

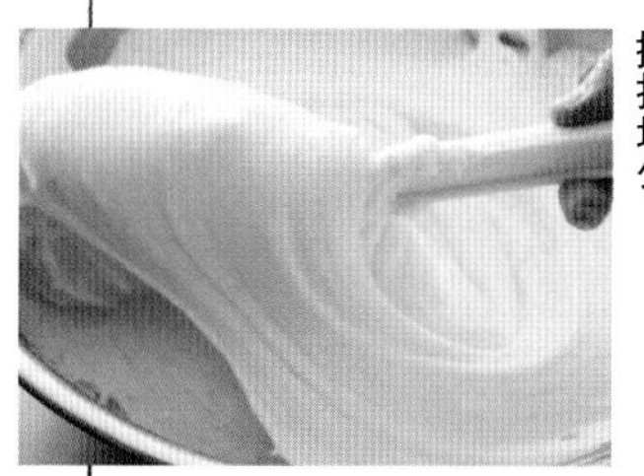

搅拌均匀

出现了光泽以后的状态。

7

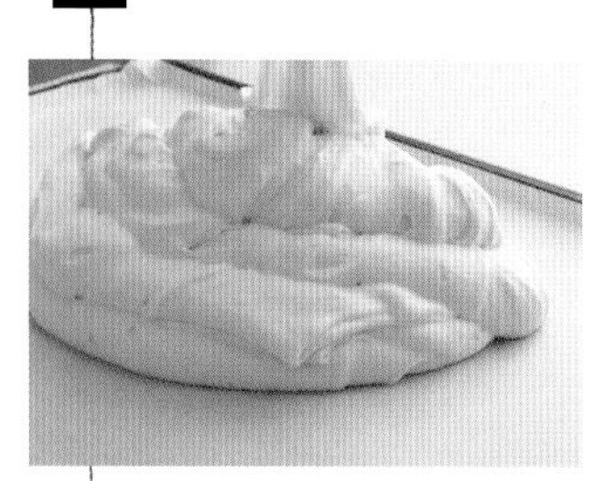

把面糊放在准备好的烤盘中央。

用抹刀把面糊摊平，填满每一个角落。

换成刮板，把表面整理平整。

＊以上照片所用的烤盘尺寸为40cm×60cm，与食谱中所述不同，所以看起来的分量与实际操作时有差异。

8

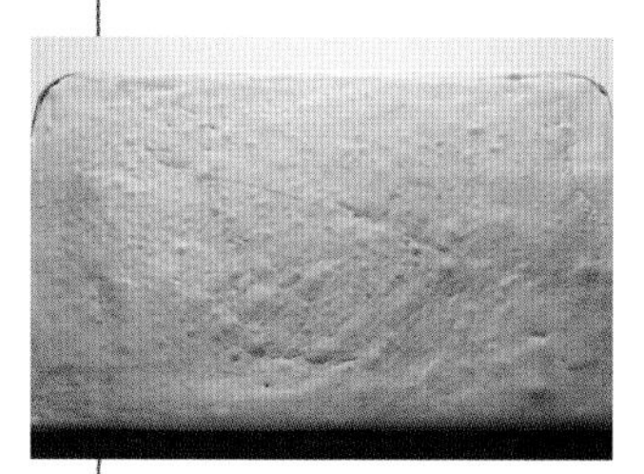

放入预热好的烤箱中，设定温度调至200℃，烘焙12~13分钟。出炉后带着烘焙纸一起从烤盘中取出，放在冷却网上冷却。

完成

9

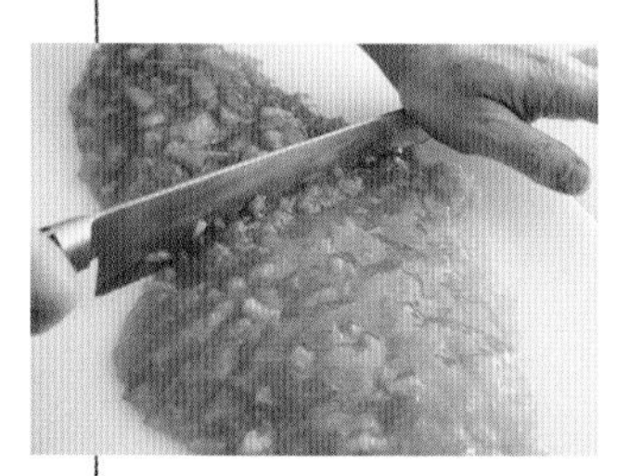

准备200g的伊予柑橘果酱，用刀细细切碎。

这个步骤是为了使口感更佳，切开的断面更美。

10

摘掉蛋糕坯上面的烘焙纸。拿一张干净的烘焙纸放在台面上，摆好蛋糕坯，然后用刮刀把果酱涂在蛋糕坯上面的几处，再用抹刀整体涂均匀。

11

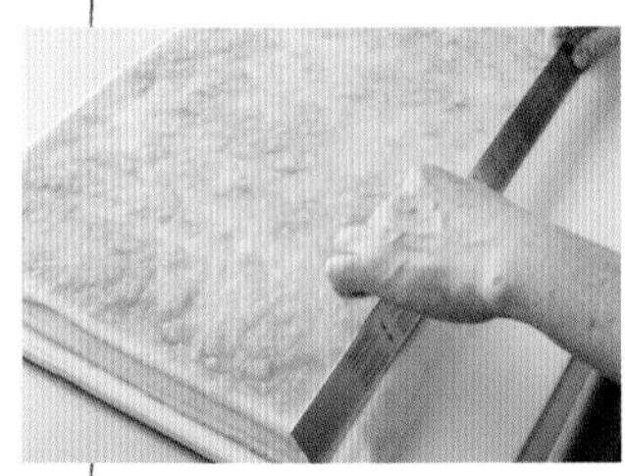

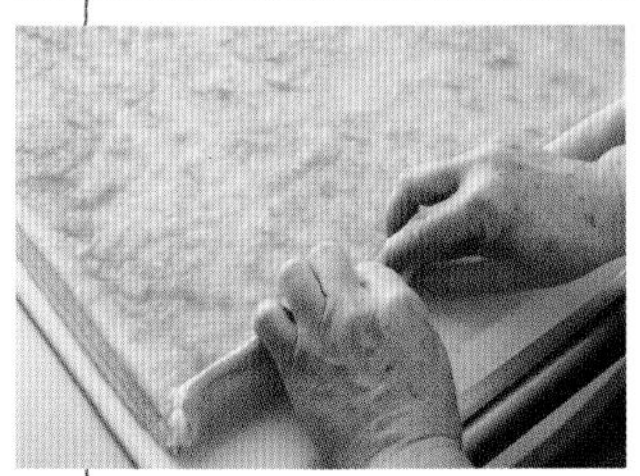

把格尺放在外侧，提起靠近身体一侧的烘焙纸，然后格尺向上抬，制作卷芯。把格尺和烘焙纸都放下来，用手直接压着蛋糕坯卷成蛋糕卷。

认真制作蛋糕卷芯，防止中间出现孔洞。

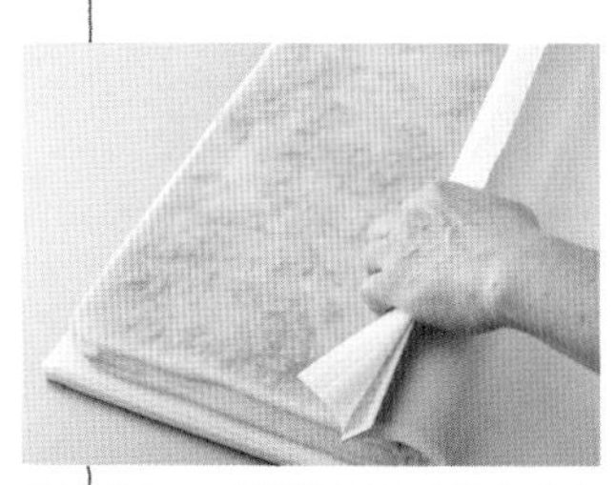

把格尺放在靠近身体一侧的烘焙纸上面，一边剥掉烘焙纸，一边从靠近身体一侧把蛋糕卷向前卷起来。利用格尺调整蛋糕卷的粗细，保持均一。

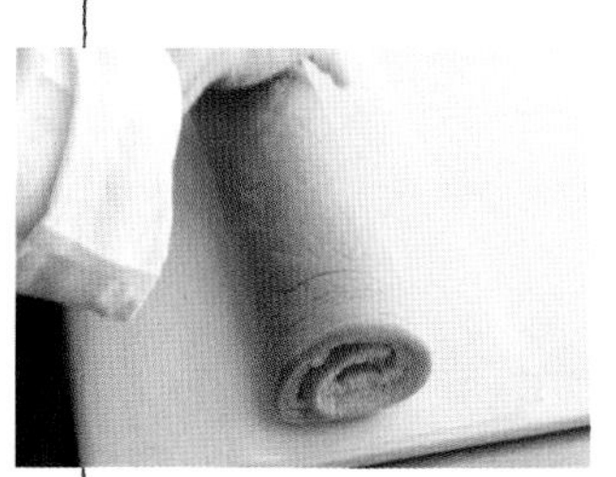

卷好以后，把烘焙纸垫在下面。蛋糕卷封口处朝下，从靠近身体一侧开始包裹烘焙纸。

把格尺放在蛋糕卷上面，拉出下面垫着的烘焙纸的同时，用格尺紧推蛋糕卷，修正弯曲和松动。固定好烘焙纸封口处，封口朝下放入冰箱冷藏1小时。

装饰淡奶油

12

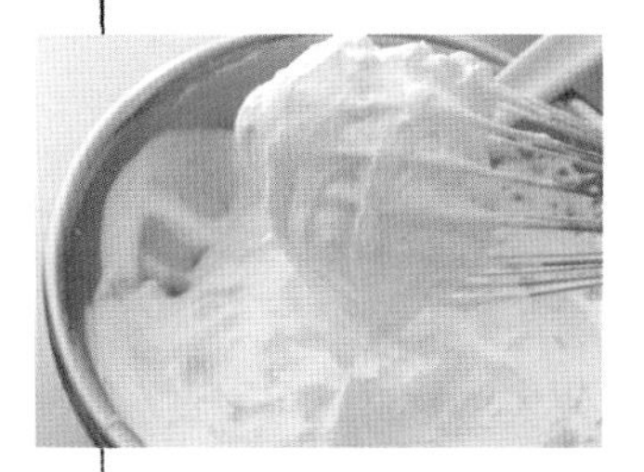

淡奶油放入盆中，加入细砂糖，制成8分发的淡奶油，然后装进配好了平口裱花嘴的裱花袋。

把蛋糕卷放在案板上，从靠近身体一侧横向挤出一条一条的淡奶油。

淡奶油挤到最上面以后调转过来，背面也挤出相同的淡奶油条纹。

用抹刀头部处理淡奶油条的接头部位，一气呵成处理出格子条纹。食用的时候用温热的切刀切成3.5cm左右的蛋糕卷片。

完成

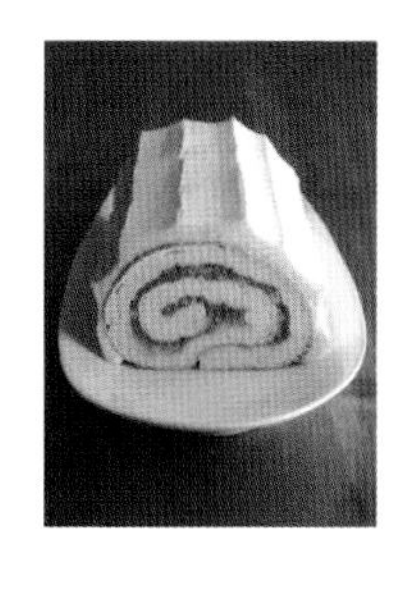

青木定治老师的

抹茶蛋糕卷

淡奶油和红豆总是绝妙的组合。在巴黎也广受食客喜爱的和风蛋糕卷。

这款抹茶蛋糕卷，作为饭后甜点，曾经在巴黎的荞麦面店“Restaurant YEN”独领风骚。当时，法国客人总是要求我们推出日式甜点，所以我们就创作了这款抹茶和红豆相结合的蛋糕卷。抹茶是绿意盎然的食材，如果用于整个蛋糕坯里，就会体现出优雅美好的绿色。

卷起来的舒芙蕾面糊，是在日本的时候就学会的作品，口感轻盈，具有独特的弹性和嚼劲。这可是法国没有的甜品，新鲜登场的时候艺压群芳。对甜点甜度的要求，日本人和法国人真是大相径庭。日本人喜爱适中的甜度，把甜品定位成小零食。但是对于法国人来讲，甜点其实就是正餐之后的点睛之笔，所以要求甜点的甜度不亚于正餐。为了符合法国人的要求，这款甜点的甜度较高。后来，我们也在法国展会中推出过这款甜品，同样广受好评。

其实对于红豆淡奶油来说，我并不推荐过分控制甜度，否则它们的味道也会大打折扣。在家庭中制作这款蛋糕卷的时候，可以做好以后先放进冷冻室保存，品尝前拿出来放进冷藏室解冻。因为这样，蛋糕卷的色泽和风味更好，大家甚至可以在大快朵颐的同时也一览美色。

与制作泡芙的手法相同，面糊的面粉要先与黄油混合以后炒成舒芙蕾粉。这样的工艺是为了创造出独特的糯香感。

材料 ●28cm×28cm的烤盘1个

抹茶口味的舒芙蕾面糊

- 低筋面粉（“Violet”P.8）……68g
- 抹茶（P.90）……5g
- 黄油（无盐）……50g
- 牛奶①……44g
- 蛋黄……85g（约4个）
- 全蛋蛋液……55g（L号鸡蛋约1个）
- 牛奶②……103g（根据面糊状态判断使用多少）
- 蛋白……125g（L号鸡蛋约3 1/3个）
- 细砂糖……60g

夹心馅

- 淡奶油（乳脂肪含量35%）……200g
- 细砂糖……30g

煮红豆（罐头）……200g

准备工具

硬纸板、硅胶垫、烘焙纸3张（烤盘用1张、准备和完成用各1张）、玻璃碗、细网、沥水碗、裱花袋、圆形裱花嘴（直径12mm）、冰水、毛巾、铝膜、厚底锅、木质刮刀、打蛋器

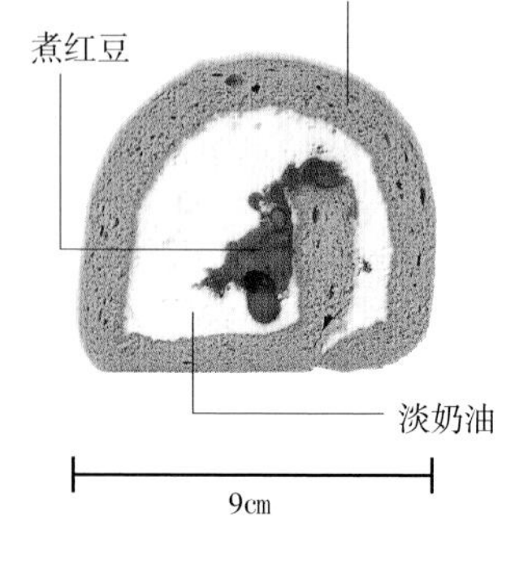

建议

按照硬纸板、烘焙纸、硅胶垫的顺序摆进烤盘里放好。放硅胶垫的目的，是为了让出炉后的蛋糕坯表面光滑，卷出的蛋糕卷美观好看。如果用烘焙纸垫在下面烘焙，剥离后蛋糕坯表面就会留下印痕。为了防止印痕导致的粗糙口感，我们可以使用硅胶垫从一开始就做好预防。另外还需要防止过度烘焙，为了实现柔软的烘焙效果，我们才需要在下面垫放硬纸板。

流程

制作抹茶口味舒芙蕾面糊。

▼

蛋糕坯出炉冷却期间，制作鲜奶油。

▼

切掉蛋糕坯两端的部分，剥掉硅胶垫和烘焙纸。

▼

把夹心馅涂在蛋糕坯上，然后把煮红豆放在上面。

▼

卷好蛋糕卷以后放入冰箱冷藏一晚，让蛋糕和夹心馅紧固。

※在食用前一天制作。

推荐品尝时间

冷冻室放入，冷藏室自然解冻，当日食用。

保存

包裹2层保鲜膜，可以冷冻保存2日。

准备

- 鸡蛋放在室温中恢复至常温。
- 在烤盘上铺好硬纸板、烘焙纸、硅胶垫。
  结合烤盘大小，剪出尺寸合适的硬纸板，用铝膜包好以后铺在烤盘里。烘焙纸的尺寸应该比烤盘略大一圈，四角剪出豁口（P.11）后铺在铝膜上面。最后把尺寸合适的硅胶垫摆放在烘焙纸上面。
- 低筋面粉和抹茶粉混合在一起过筛。铺开烘焙纸，面粉过筛后抖落在烘焙纸上面。但是仅过筛并不能让所有粉类混合均匀，所以要前后左右地倾斜抖动烘焙纸，直到颜色均一（如下图）。这样的方法不需要直接接触粉类，防止空气混入。

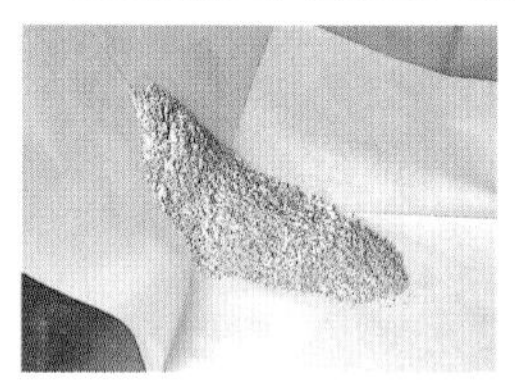

- 在流程最后一步完成以后，就把烤箱设定到最高温度预热。

制作抹茶口味的舒芙蕾面糊

黄油放进厚底锅中，中火加热使其熔化。

注意，不要加热过度而使黄油出现焦色。

黄油熔解后，从火上取下。加入过筛备用的粉类，用木质刮刀快速搅拌。

搅拌的时候要让木质刮刀刮到锅底，充分搅拌。

看不见干粉以后，再次一边用中火加热，一边搅拌。表面出现明显的光泽后停止。

2

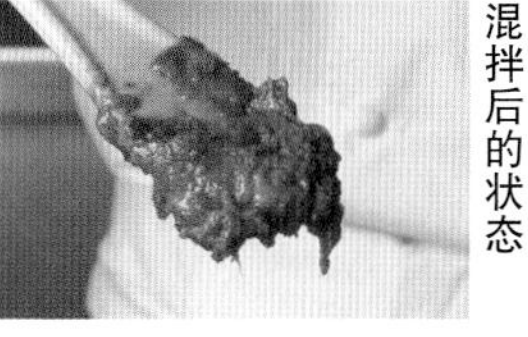

混拌后的状态

一次性加入牛奶①，快速混合。再次把锅从火上取下，向面糊中加入蛋黄搅拌。用木质刮刀盛起面糊的时候，状态如上图。

3

轻轻打散鸡蛋，加入面糊后快速搅拌。

蛋白加热以后会很快凝固，所以请注意调整面糊的温度。

4

加入牛奶，调整到左图状态

加入半量的牛奶②混合。盛起来的时候应该顺畅地流淌下来，如果过硬，可以少量加入剩余的牛奶进行调整。

5

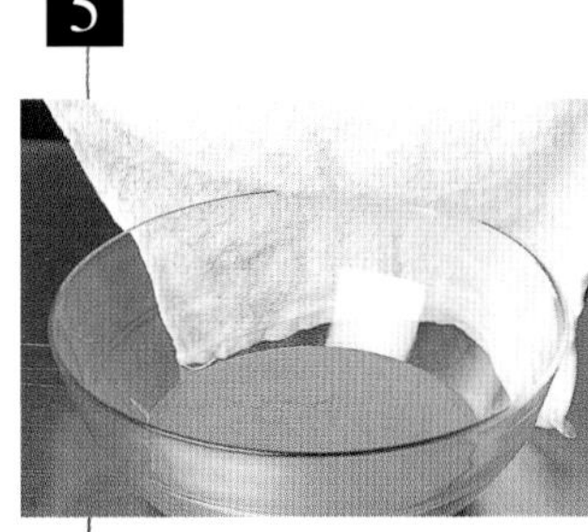

用细网沥水碗过滤面糊。由于面糊容易干燥，应该盖一张拧干了的湿毛巾。

6

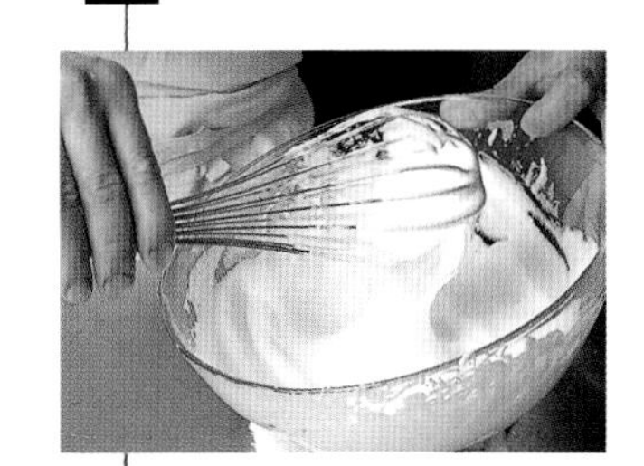

将蛋白放入干净的玻璃碗中，用打蛋器轻轻打发。蛋白泡变得细腻以后，分2次加入细砂糖继续打发，最终形成细腻均匀的蛋白霜。

紧紧握住打蛋器、手腕紧绷的状态并不能打制出理想的蛋白霜。应该轻轻提起打蛋器，手腕左右摆动、轻巧地搅拌。

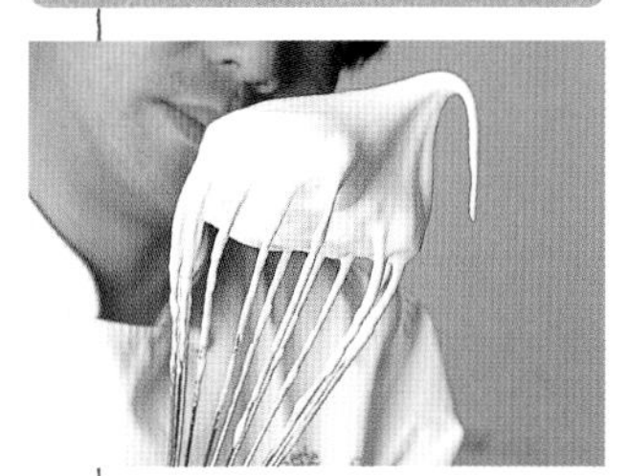

用打蛋器盛起蛋白霜的时候，向上举起来，这时候如果出现上图这样的状态即可。

7

取1/3量的蛋白霜，加入5中，充分混合。

然后把混合好的面糊，加入剩余的蛋白霜中。

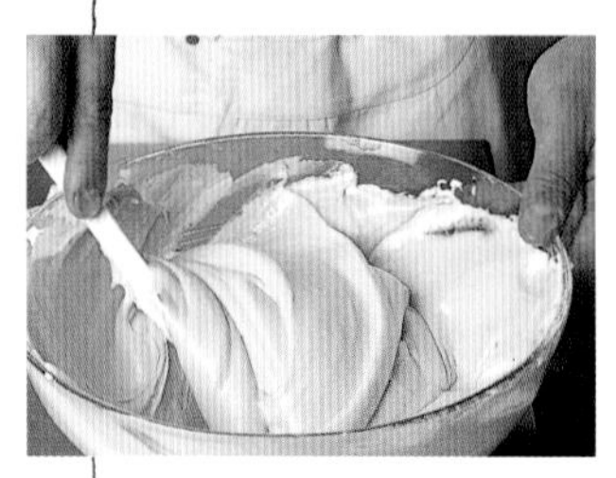

小心不要让面糊中的气泡破碎，单手一边向身体侧转动小盆，另一只手用刮刀从盆底部盛起面糊反复搅拌。

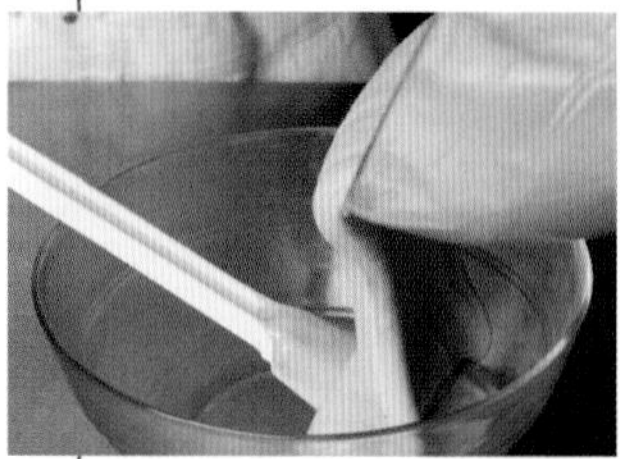

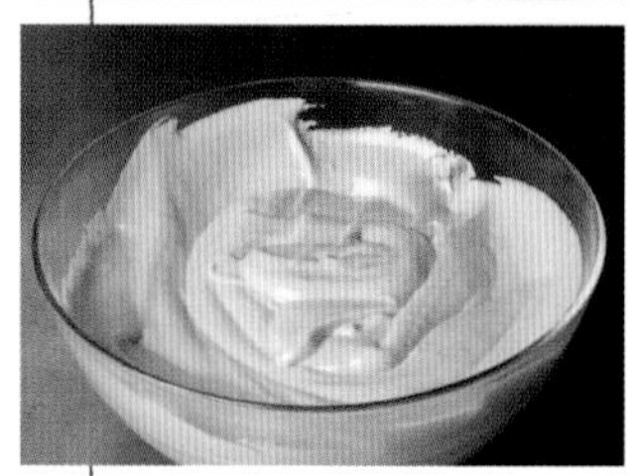

提起小盆，确认是否底部的面糊也被搅拌得同样均匀。如果底部还有未被搅拌好的蛋白霜，就需要另外再准备一个碗，把面糊转移过去继续搅拌。

总会有一些面糊沉淀在碗底部，难以搅拌。所以我们可以把面糊倒入另一个碗中，这样就能在不破坏气泡的前提下，让蛋白霜和面糊自然而然混合在一起。

8

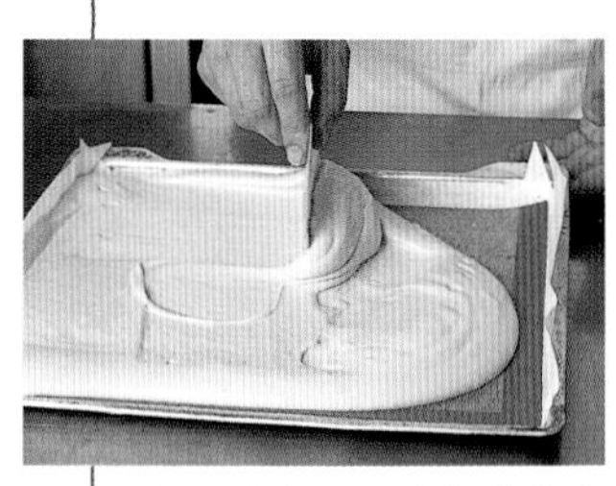

把面糊倒入准备好的烤盘中，用刮刀四面摊开，最后摊平表面整理平整。

还是要小心防止气泡破碎，平整面糊表面的动作应该控制在最小限度。

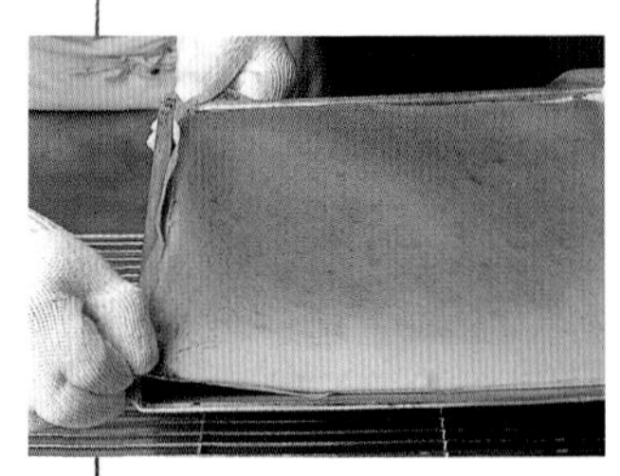

放入预热好的烤箱中，设定温度调到180℃，烘焙12~15分钟。为了确保烘焙均匀，在烘焙了10分钟左右时，应该取出烤盘旋转180°。出炉后带着烘焙纸一起从烤盘上取出，放在冷却网上冷却。

制作夹心馅

9 将淡奶油和细砂糖放入碗中，碗底垫放在冰水上面打发。打发的程度，应该达到用打蛋器盛起来时不会掉下去的程度。

完成

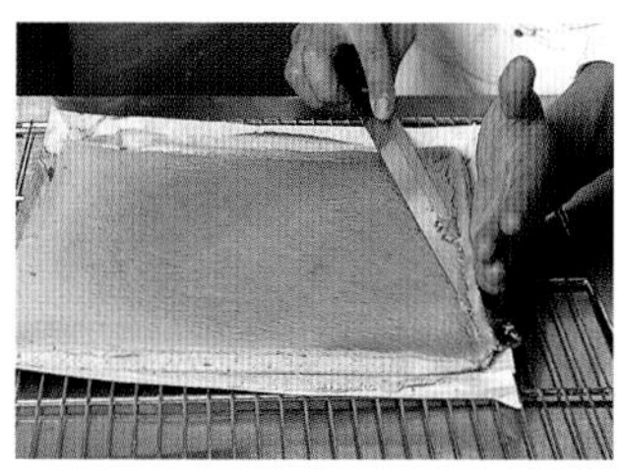

10 从里面开始剥离烘焙纸，薄薄地把蛋糕坯边缘膨胀的部分切掉。

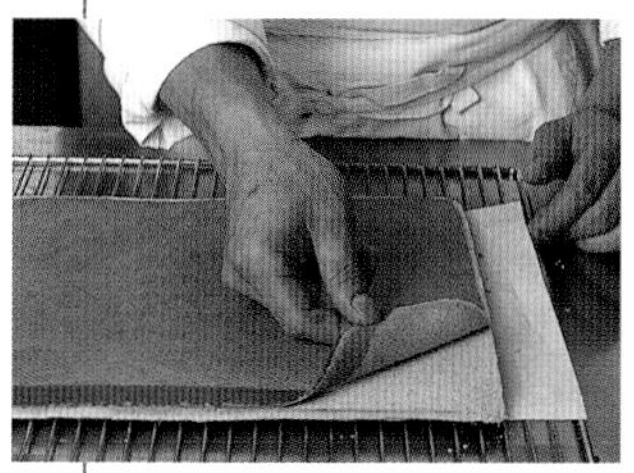

取干净的烘焙纸盖在蛋糕坯上面，然后把下面的烘焙纸和硅胶垫一起反扣过来。摘掉烘焙纸，然后再反扣回去。

11

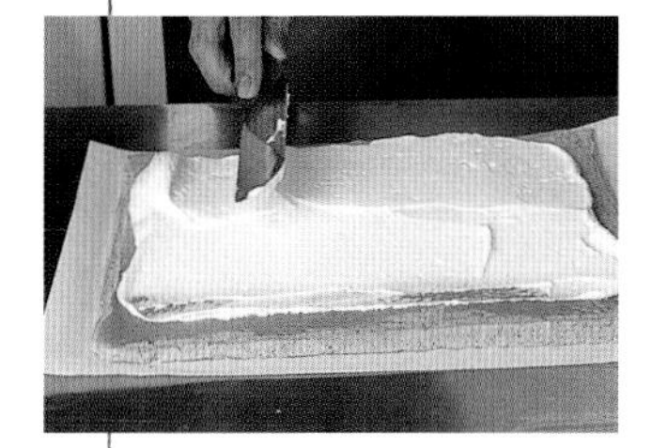

淡奶油放在蛋糕坯中央部分，用刮刀摊开，靠近身体的一侧留出1/3左右的淡奶油。

12

将裱花嘴装配在裱花袋上，然后利用裱花袋把煮红豆挤在淡奶油中央。可以特意挤出波纹形状。

切割蛋糕卷的时候，希望体现出别致的红豆纹理。所以我们挤出波纹形红豆花纹。

13

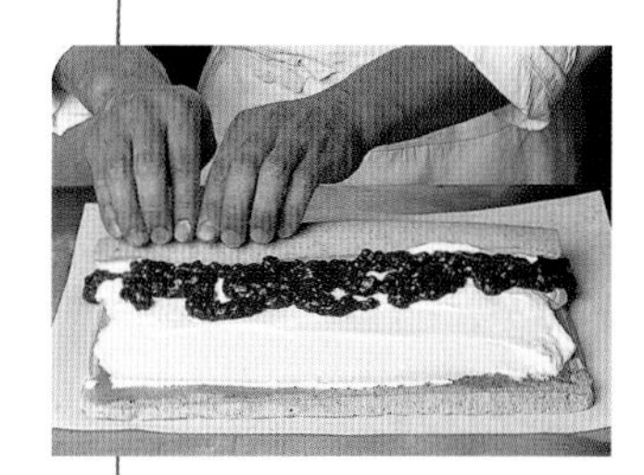

提起靠近身体一侧的蛋糕坯，直接拎到红豆中央的部分，带着烘焙纸一起像折叠一样卷起一个大蛋糕卷。用手轻轻按压蛋糕卷表面，使其紧密结合。

把这部分的蛋糕卷当作卷芯，一口气提拉到对面的蛋糕坯边缘，完成卷曲过程。

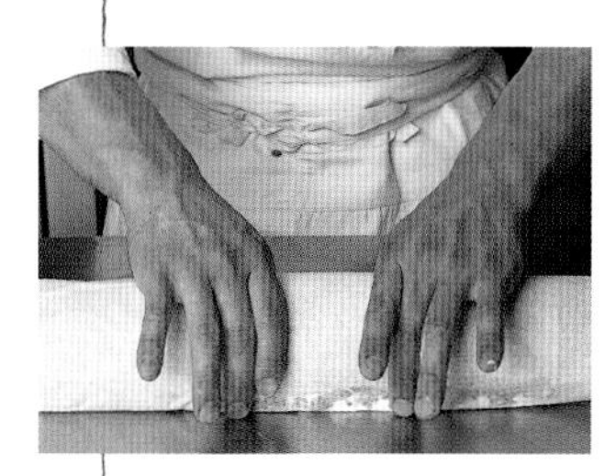

卷好以后，从中央向两端略微修整形状，然后用烘焙纸把蛋糕卷裹起来，包上保鲜膜放入冷冻室冷冻一晚，让蛋糕坯和淡奶油紧固。

完成

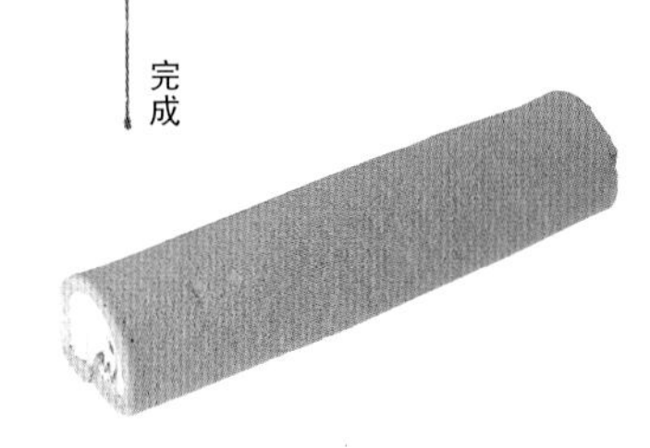

杏仁蛋糕坯+杏仁酱+杏仁淡奶油+蛋白奶油霜

永井纪之老师的

圣诞树干蛋糕卷

使用3种丰富而浓厚的夹心酱，带着味道浓郁的蛋糕欢庆圣诞节。

在法国，其实并没有日式蛋糕卷这样柔软的蛋糕。如果一定要说法国有蛋糕卷，那就是圣诞蛋糕卷了。这仅仅是每年一次专门为圣诞节准备的蛋糕卷。虽说目的一样，但是形形色色的甜品店橱窗里，总会摆设出各种各样树干形象的蛋糕卷——有的裹着冰淇淋，有的使用了手指饼的面坯。我也想把这样的节日气氛多多少少地带到日本来，所以每逢这个时期，本店一定会推出8~10款圣诞蛋糕卷。其中之一，就是这款圣诞树干蛋糕卷。

这款蛋糕卷的蛋糕坯，使用了含有栗子粉的栗子面糊。既然使用了栗子，那就不能忘掉总是搭配出现的杏仁黄油。有这些食材出场，味道绝对差不了。至于面粉，本店把味道清淡的美国面粉和浓厚的意大利面粉混合在一起，形成味道鲜明、色泽亮丽的蛋糕坯。

趁烘焙蛋糕坯的间隙，我们要制作3种夹心酱和装饰所需的材料。制作圣诞树干蛋糕卷，真的是一件很费功夫的事情。但是正是因为这个特别的节日，我们亲手制作的蛋糕才更有意义。请带着这样的心情，来制作这款别致的蛋糕卷吧！

给杏仁面糊添加浓厚口味的2种杏仁粉。

材料 ●28cm×28cm的烤盘1个

杏仁面糊

- 杏仁挞皮
  - 杏仁粉……45g
  - 糖粉……30g
  - 蛋白……7.5g
- 蔗糖或细砂糖（P.9、P.90）……9g
- 糖粉……36g
- 全蛋蛋液……60g（L号鸡蛋约1个）
- 蛋黄……30g（约1½个）
- 蛋白……60g（L号鸡蛋约1½个）
- 细砂糖……12g
- 低筋面粉（"Violet" P.8）……42g
- 淀粉……10g

朗姆酒糖浆

- 水……25g
- 细砂糖……25g
- 朗姆酒……10~15g

朗姆酒腌栗子

- 糖煮栗子……30g（约2个）
- 朗姆酒……适量

栗子淡奶油

- 栗子酱（P.93）……130g
- 淡奶油（乳脂肪含量42%）……208g

栗子酱

- 糖煮栗子（P.93）……200g
- 黄油（无盐）……120g
- 牛奶……30g
- 朗姆酒……10g
- 意大利蛋白霜（P.86）……30g

黄油奶油霜（P.87）……约100g
蛋白球（P.86 ）……4个
起酥油或黄油（用于准备烤盘）……少量

准备工具
烘焙纸4张（烤盘用1张、完成用2张、纸筒用1张）、刷子、三角刮片、裱花袋、圆形裱花嘴（直径12mm、直径9mm）、冰水、锅、碗、橡皮刮刀、木质刮刀、电动搅拌器、抹刀、打蛋器

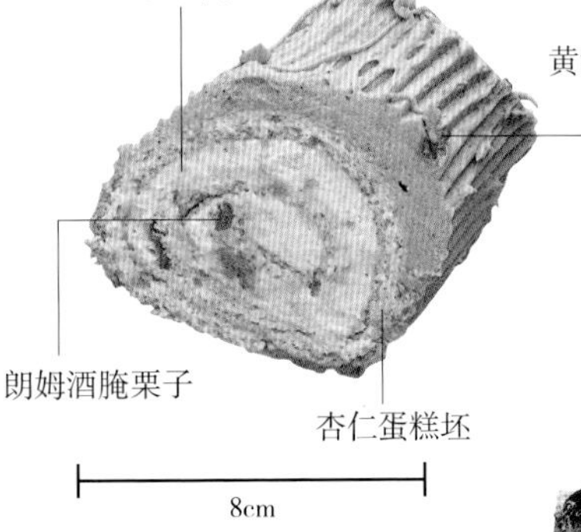

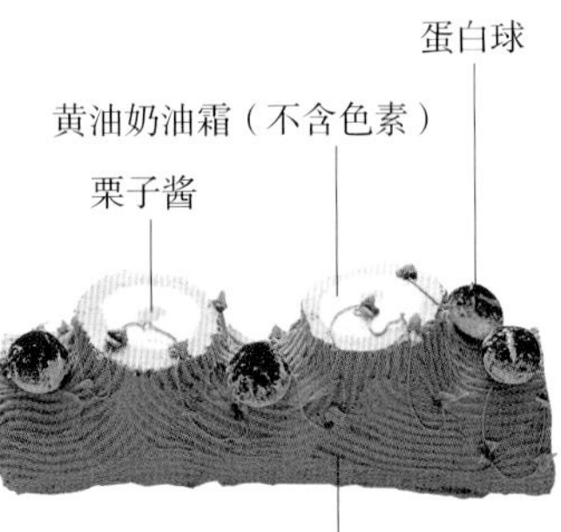

建议

为了做出口感上乘的杏仁蛋糕坯，需要把鸡蛋缓慢加入杏仁面糊里，每次都要仔细地搅拌。另外，如果混合蛋白时的力道不够，出炉后蛋糕坯会变得粗糙。所以要搅拌到面糊出现光泽、气泡均匀细腻之后再烘焙。另外，蛋糕坯很薄，容易干燥，所以初步冷却以后，一定要在上边盖一条拧干的湿毛巾。

流程

1周前

制作1周前，把糖煮栗子放入朗姆酒中开始腌制。

前1日

制作意大利蛋白霜（P.86），然后准备蛋白球。剩下的蛋白霜用保鲜膜包起来以后，放入冰箱冷藏。

↓

制作炸弹面糊（P.87），然后继续制作黄油奶油霜（P.87）。包上保鲜膜，放入冰箱冷藏保存。

↓

制作杏仁面糊。

↓

蛋糕坯出炉冷却期间，制作栗子淡奶油。

↓

剥掉蛋糕坯上的烘焙纸，涂抹栗子酱，然后把朗姆酒腌栗子撒在上面，卷起来。

↓

卷好蛋糕卷以后放入冰箱冷藏至少1小时，让蛋糕和夹心馅更紧固。

当天

制作栗子酱。

↓

进行表面装饰。

※可以在前一天做好蛋糕卷，平安夜当天进行装饰。

推荐品尝时间

当然是平安夜晚餐时品尝。

保存

冷藏保存2日。

准备

●把朗姆酒腌栗子所需材料放在一起，混合后静置1周。

●制作意大利蛋白霜和蛋白球（P.86）。

●制作黄油奶油霜（P.87）。
●鸡蛋、牛奶、黄油放置在室温环境中，恢复至常温。
●制作朗姆酒糖浆。碗内放入指定分量的水和细砂糖，加热熔化。冷却后加入朗姆酒。

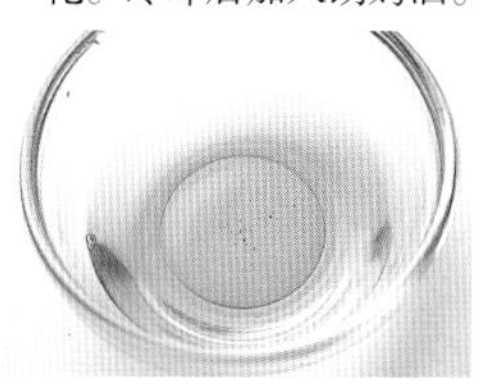

●烘焙纸铺在烤盘里。用布蘸取起酥油涂抹在烤盘表面。剪切烘焙纸的时候，别忘了考虑立面所需的尺寸。四角剪开豁口，平整地铺进去（P.11）。

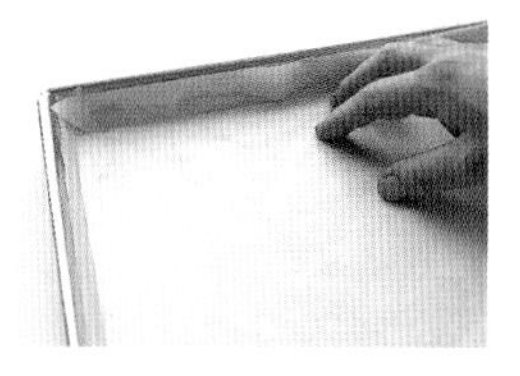

●制作2个小纸筒（P.65）。
●烤箱预热至240℃。
●低筋面粉和淀粉混合在一起。

制作杏仁面糊

1

杏仁粉和糖粉混合在一起，过筛装入盆中。加入蛋白后用橡皮刮刀搅拌。

整体混合均匀以后，用指尖揉搓，慢慢揉成泥状。

这就是杏仁面糊的前身——杏仁挞皮。

2

把蔗糖和糖粉加入杏仁挞皮中，用指尖轻轻搅拌。

图中是混合结束以后的状态，尚有些干粉亦可。

3

鸡蛋和蛋黄混合在一起，取1/4量加入2中，然后仔细搅拌混合。

最初的杏仁挞皮会比较硬，难以搅拌，但是要坚持用橡皮刮刀搅拌到均匀。

如果还有结块（如图），烘焙以后的口感会有所下降。所以在这个阶段，一定要充分搅拌到结块完全消失。

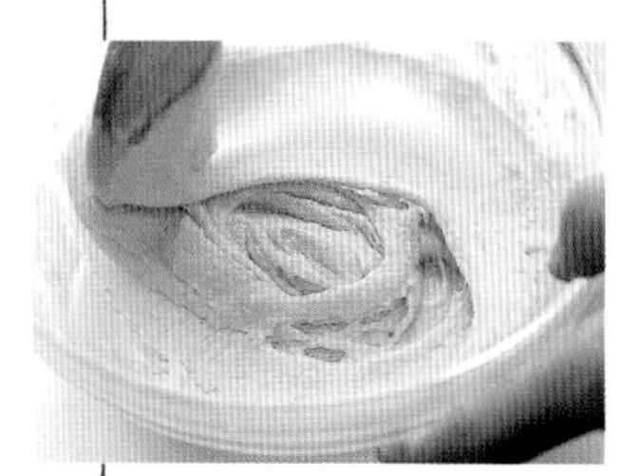

结块完全消失以后，加入半量剩余的蛋液。搅匀以后再把最后的半量蛋液加进来。

4

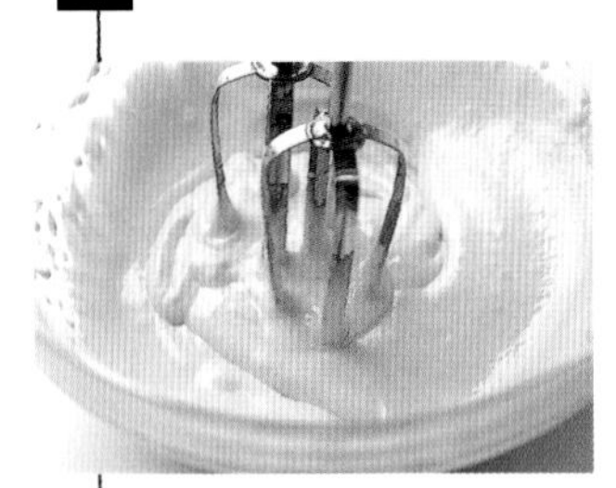

以电动搅拌器中速搅拌成略微发白，这个过程需要2~3分钟。

5 加入混合好的低筋面粉和淀粉，用橡皮刮刀从下面翻盛起来反复搅拌。

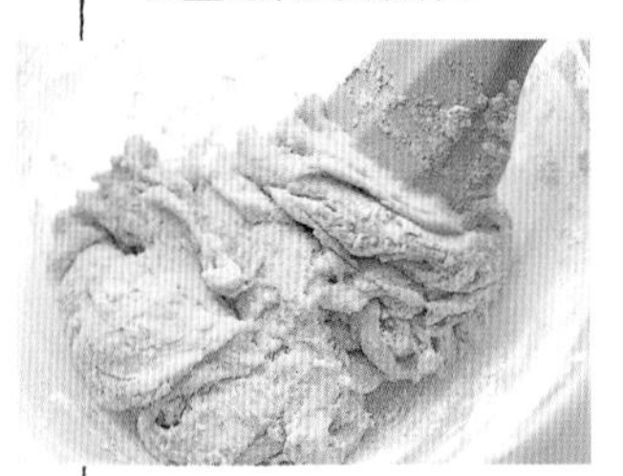

混合好以后，甚至还可以留有一些干粉。

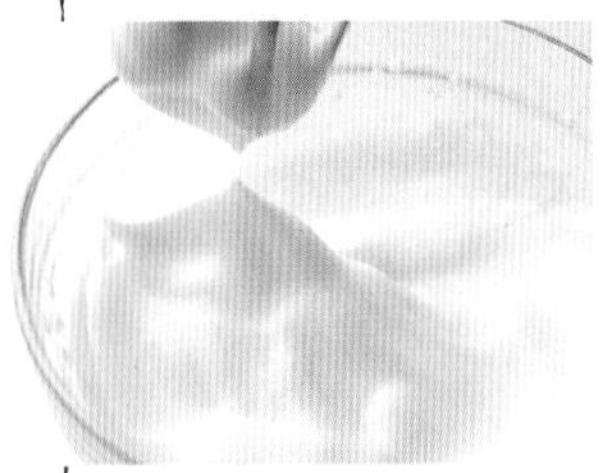

6 另取一碗加入蛋白，轻轻搅打以后加入细砂糖，以电动搅拌器高速打发。提起来的时候，蛋白可以挺立起来即可。

7

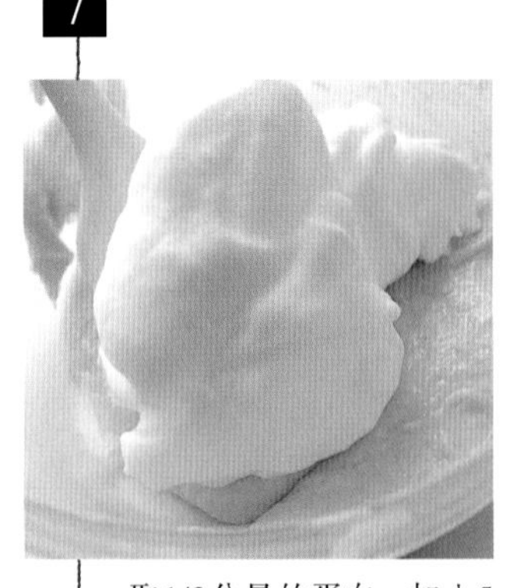

取1/3分量的蛋白，加入5中。用橡皮刮刀从下面翻盛起来反复搅拌。当看不到蛋白的颜色时，就可以加入剩余的蛋白了。

继续搅拌，如果此时用橡皮刮刀盛起面糊，里面还有大气泡的话，即意味着搅拌的程度不够（如图片中的状态）。搅拌完成时的理想状态，应该是没有大气泡，整体的小气泡细腻而均匀。而且面糊表面有光泽，盛起来的时候可以呈片状流淌下来。

如果留有大气泡，说明面糊里面混入了过多的空气，那么出炉后的口感就会干涩。

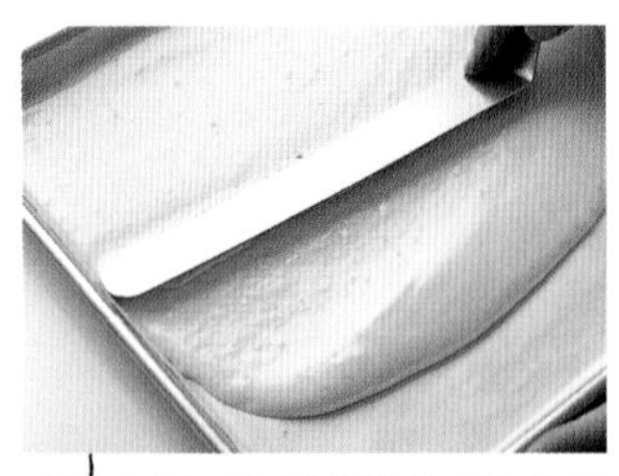

8 把面糊倒进铺好了烘焙纸的烤盘中。用抹刀摊平，整体平整以后面糊的厚度应为7~8mm。

越是用抹刀刮面糊，就越是会在面糊表面留下印痕，所以尽量减少抹刀操作的次数。

9 放入预热好的烤箱中，设定温度调到220℃，烘焙7分钟。出炉后带着烘焙纸从烤盘中取出，放在冷却网上自然冷却。

制作夹心馅

10 碗底垫放在冰水中，把栗子酱和1/4淡奶油放进去以后，以电动搅拌器低速混合。

为了确保整体搅拌效果均一，途中可以用橡皮刮刀把粘在盆边的酱料刮回来。

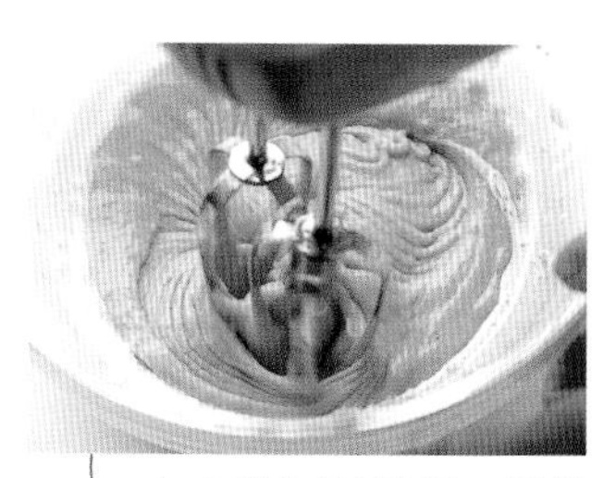

加入剩余的淡奶油，继续搅拌。

渐渐出现黏稠状以后，以高速进行搅拌。完成以后，大而坚挺的小犄角头部应该可以略微下垂。

卷成蛋糕卷

11

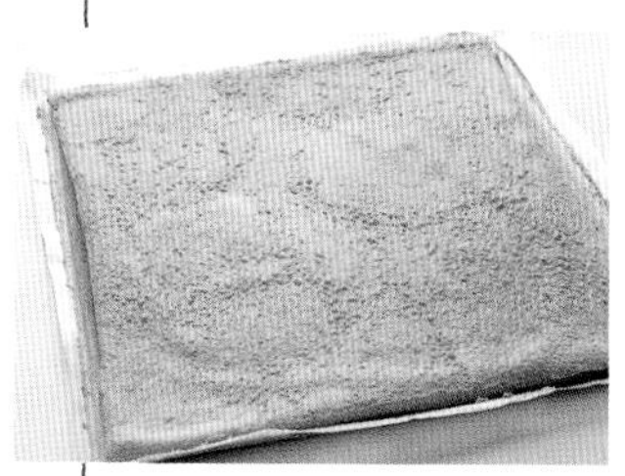

蛋糕坯完全冷却以后，剥掉立面的烘焙纸。

12

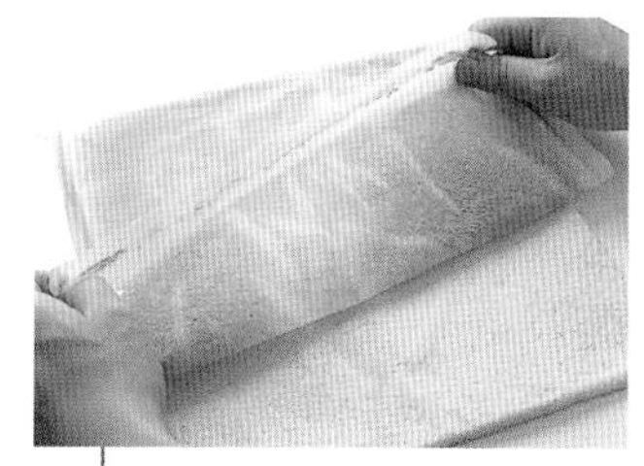

上面盖一张干净的烘焙纸，把蛋糕坯反扣过来，剥掉下面的烘焙纸，然后再托起干净的烘焙纸，把蛋糕坯翻回来。卷成蛋糕卷的时候，剥掉烘焙纸的一面会成为外面。

13

刷子轻轻蘸取已经准备好了的朗姆酒糖浆，然后轻轻刷在蛋糕坯表面。

用刷子慢慢地蘸取糖浆，然后在蛋糕坯表面敲打几下，让糖浆自然而然地渗入蛋糕坯中。

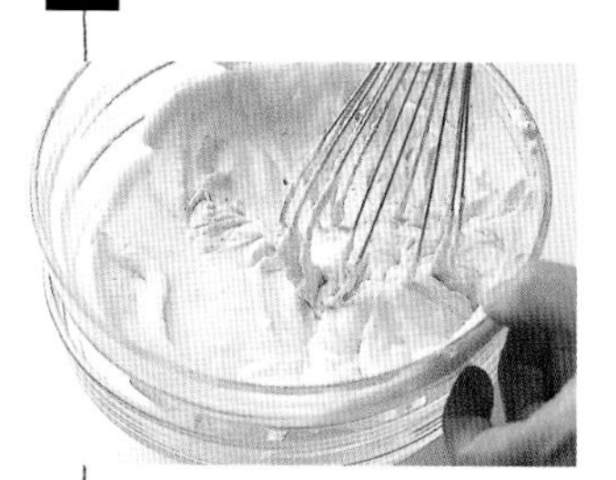

在涂到蛋糕坯上之前，用打蛋器轻轻搅拌3~4次栗子奶油酱，确保顺滑的质地。

14

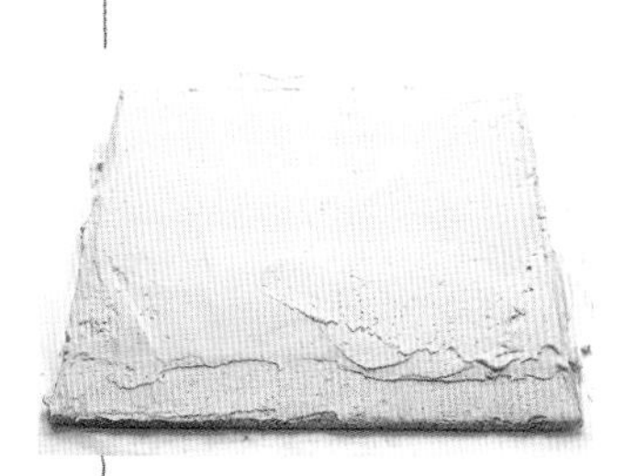

作为卷芯，要让自己身体另一侧的夹心馅更厚一些，靠近身体一侧的封口位置的夹心馅薄一些。其他部分均匀即可。

请注意不要过度纠结夹心馅的表面状态。过度的碰触会让夹心馅变硬变干涩。

15

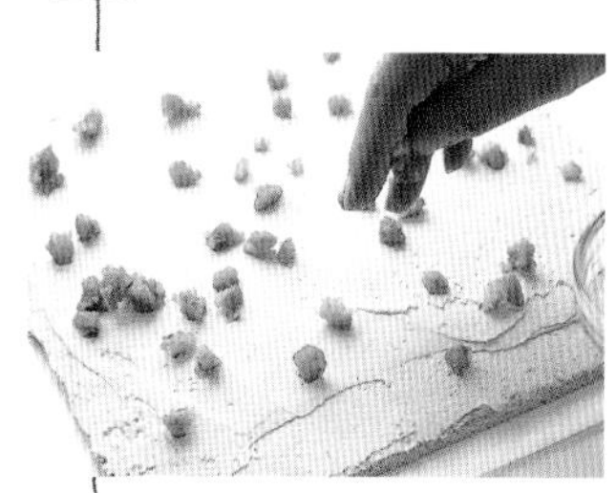

用手粗略地掰开朗姆酒腌栗子，均匀地撒在夹心馅上面。

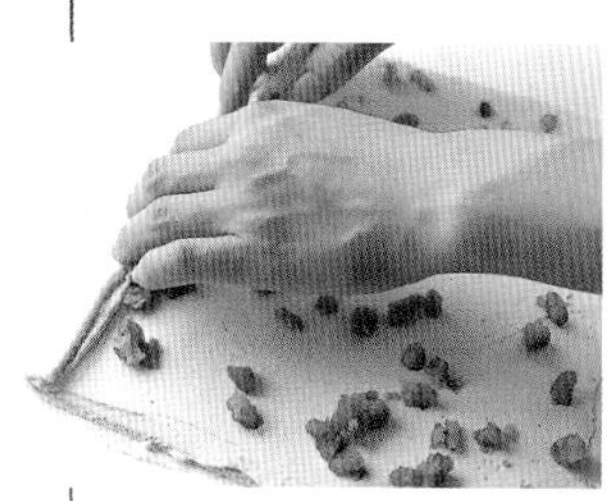

从身体另一侧1cm左右开始卷蛋糕坯，做出卷芯。不要一口气卷起来，可以从两端慢慢开始卷。

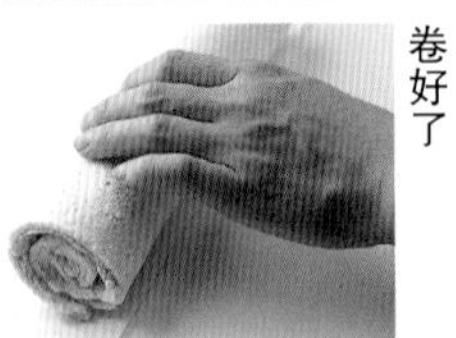

卷好了

把蛋糕坯浮起来一样滚动到身体一侧，卷到一半的时候要修正弯曲和松动，一直仔细地卷到最后。用烘焙纸把整个蛋糕卷包起来，封口处朝下放入冰箱冷冻1小时。

制作栗子酱

16

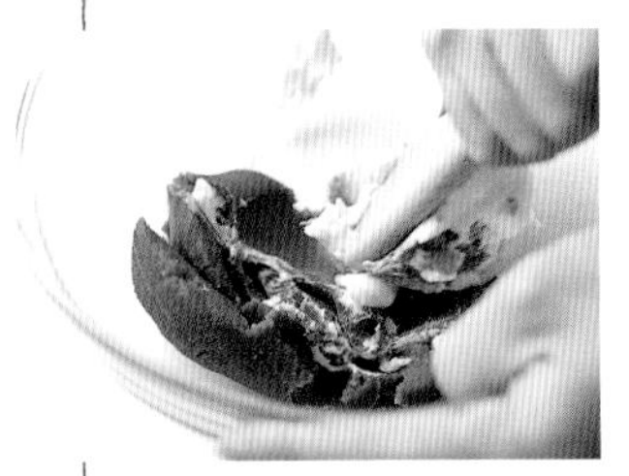

把栗子挞皮和1/4量的黄油放入盆中，用木质刮刀搅拌。搅拌均匀以后加入剩余的黄油，搅拌均匀。

用木质刮刀反复碾压栗子挞皮，最终使其顺滑。

换成打蛋器，混入空气搅拌到整体开始发白。

搅拌之前，别忘了把粘在盆周围的奶油酱刮回来。

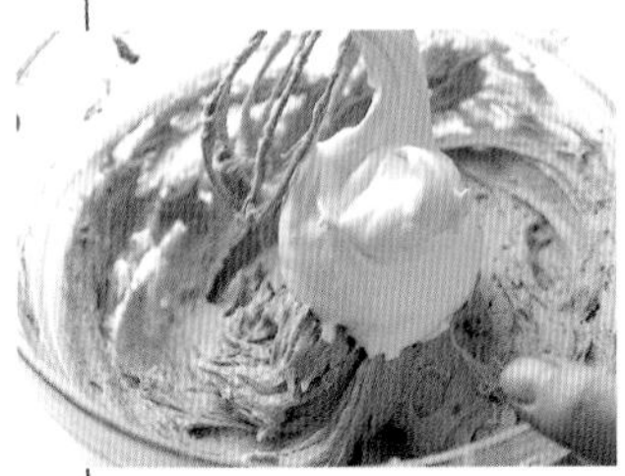

搅拌完毕

将恢复至常温的牛奶和朗姆酒加进来搅拌，再加入蛋白霜混合。

装饰

17

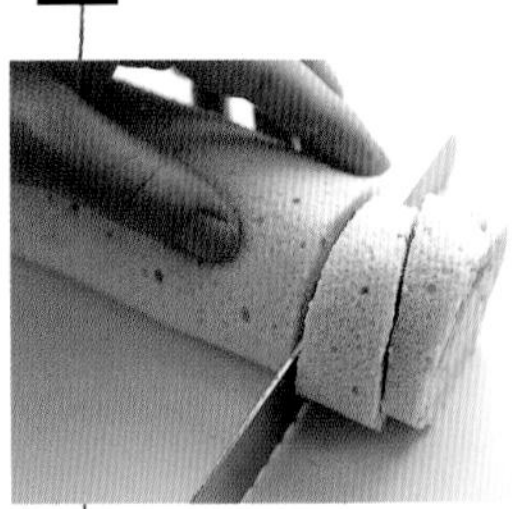

切掉蛋糕卷两端。蛋糕卷主体的树干部分长度为21cm，剩余部分切成两半，当成树枝。

2段树枝的厚度应为2.5cm和1cm。

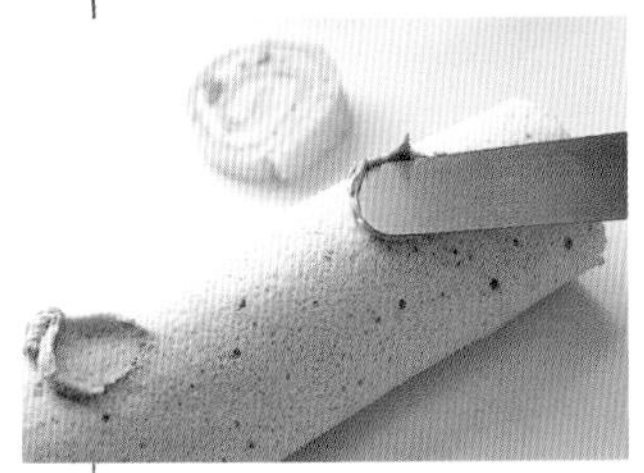

固定装饰物

把2段树枝的切口面朝下，稍微倾斜着、美观地摆放在主干上面，用栗子酱固定。

18

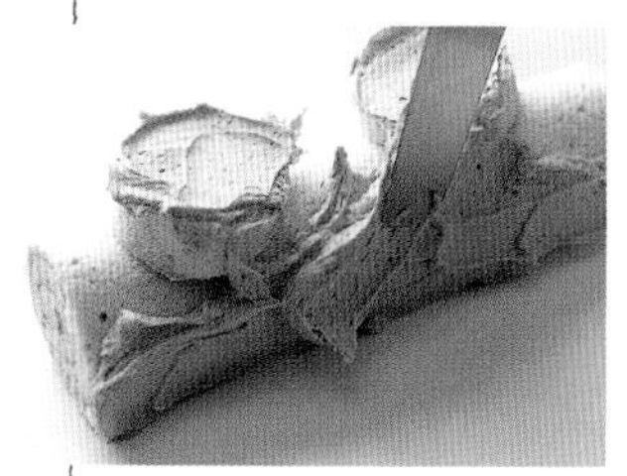

用刮刀把栗子酱涂在蛋糕坯上面，表面全都包裹住。

19

制作年轮

把12mm的圆形裱花嘴装配在裱花袋上。装入剩余的栗子酱，然后挤在树枝的边缘和中央部位。

同样，取50g黄油奶油霜装入裱花袋中挤出来，填满树干边缘和中央的栗子酱间隙。

20

使用三角刮片，在表面刮出树纹，然后再放入冰箱内冷冻10分钟，使其紧固。

如果没有三角刮片，可以使用叉子代替。

21

用热水加热刮刀面以后擦干，横向薄薄地刮掉树干和树枝表面突出来的黄油奶油霜，把表面处理干净。

每次操作以后，都要擦掉粘在刀面上的黄油奶油霜。然后再次用热水加热刀。

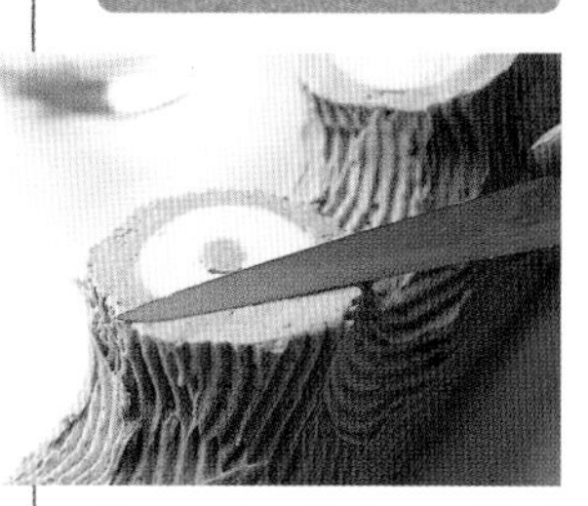

最后，用温热的刀面抹平表面。

22

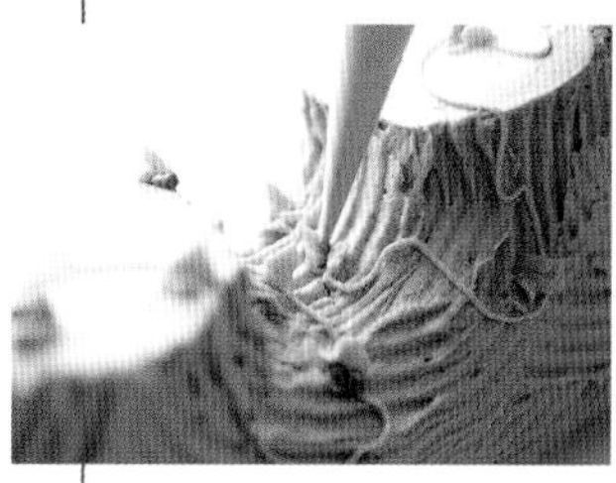

参考P.88的内容，制作红色和黄绿色的奶油霜。用纸筒在蛋糕卷表面挤出小花纹。

23

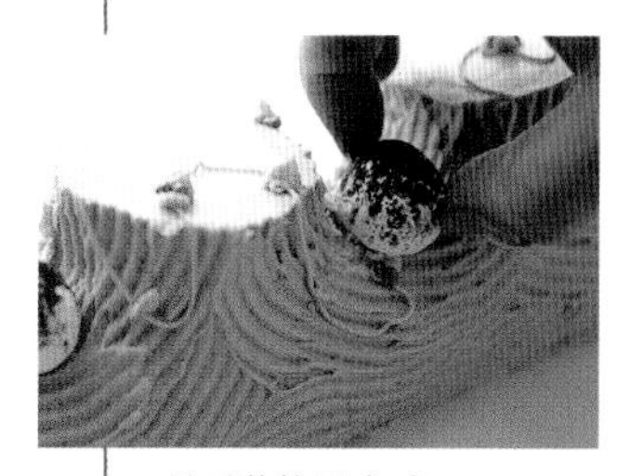

最后装饰蛋白球。

完成

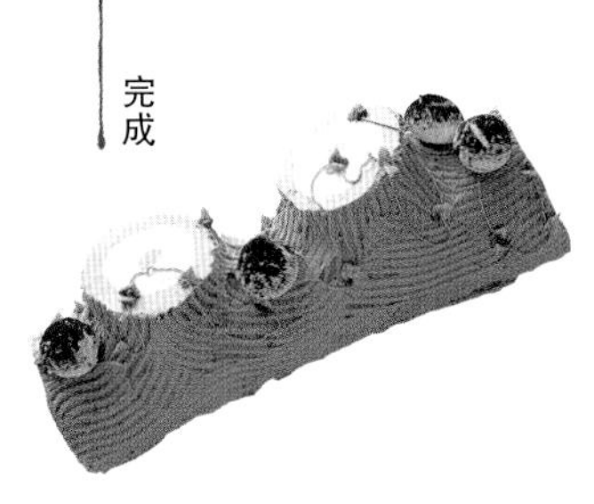

意大利蛋白霜

材料 ●完成后约为180g

水……30g

细砂糖①……100g

蛋白……50g

（L号鸡蛋$1\frac{1}{3}$个）

细砂糖②……10g

适合圣诞树干蛋糕的使用量

用于栗子酱……30g

用于黄油酱……19g

用于口蘑奶油泡……50g

※上述材料按比例扩大制作也不会失败，剩下来的蛋白霜可以包保鲜膜放入冰箱冷藏。

制作方法

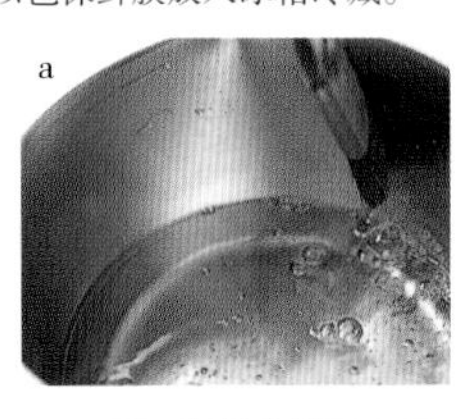

a

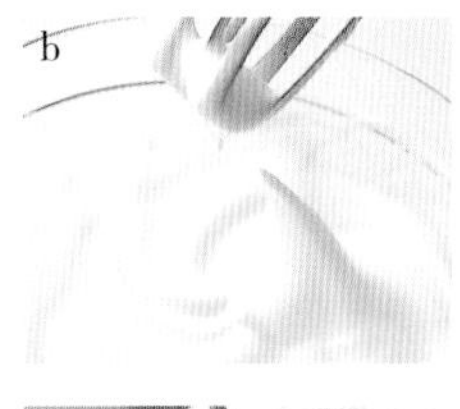

b

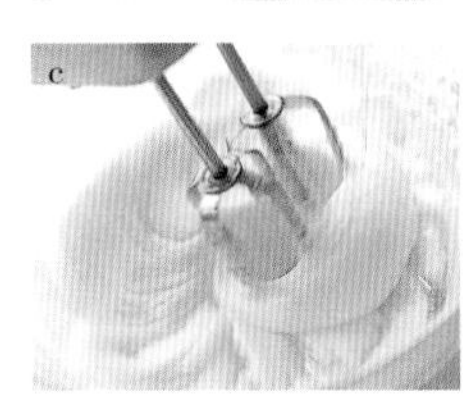

c

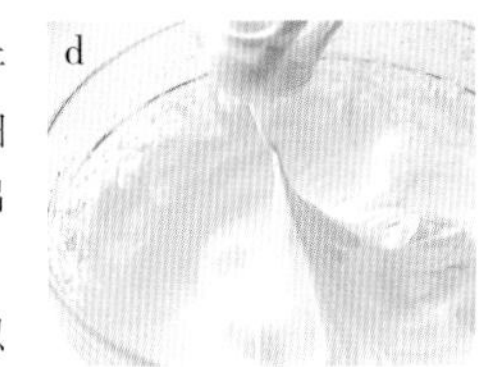

d

1 水和细砂糖①放入锅中，点火加热。同时开始4的操作。

2 细砂糖熔化，开始沸腾的时候，用蘸水的刷子把飞溅在锅壁上的糖浆刷下来（a）。

如果不刷下来，粘在锅上的细砂糖会再次结晶变焦，影响糖浆的颜色。

3 温度计插入糖浆中，加热到118℃。

正确测量温度，小心不要让温度计接触锅底。

4 点火加热细砂糖的同时，将蛋白放入碗中，以电动搅拌器中速打散。开始出现泡沫的时候，加入细砂糖②，然后以高速打发出呈小犄角的蛋白霜（b）。

5 糖浆加热到118℃以后，把4逐次加进来，以电动搅拌器高速画圆搅拌（c）。

6 出现坚挺的小犄角（d），质地顺滑、有光泽的时候即可结束。

蛋白球

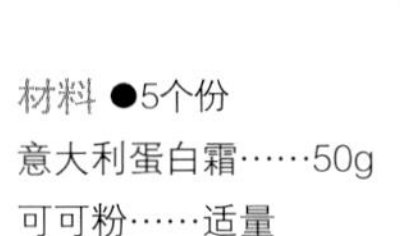

材料 ●5个份

意大利蛋白霜……50g

可可粉……适量

制作方法

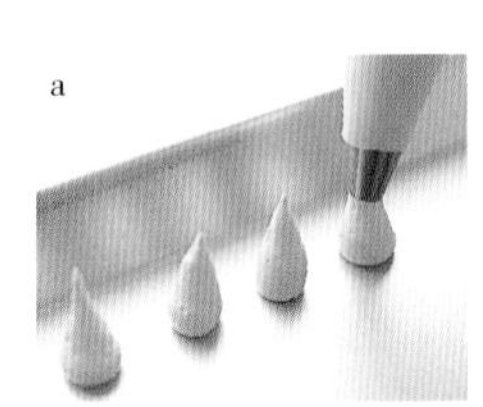

a

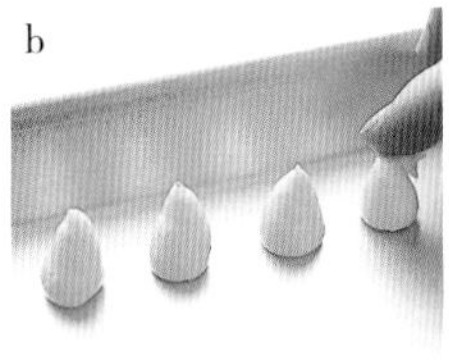

b

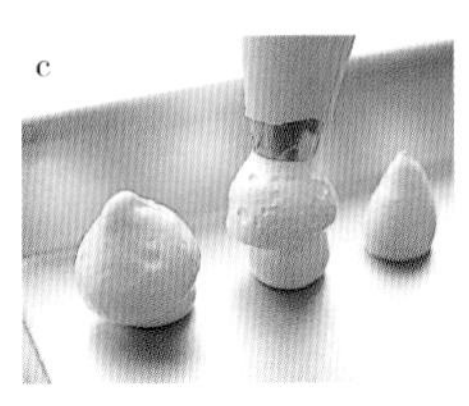

c

d

1 烤箱预热到200℃。把直径9mm的裱花嘴装配到裱花袋上，装满意大利蛋白霜。

2 把裱花嘴对准烤盘，然后缓慢向上提的同时挤出蛋白的轴心部分（a），把裱花袋里的蛋白霜全部返回盆里。

3 修正尖部形状，用手指尖蘸水打湿，轻轻按压（b）。之后放入温度调到180℃的烤箱中干燥表面，手指轻轻触摸也不会粘下来蛋白霜的程度即可，大概需要2分钟的时间。取出来，烤箱温度再次下调到100℃。

4 把直径12mm的圆形裱花嘴装配在裱花袋上，再次装满蛋白霜，然后缓慢地挤在3的上面，做出小蘑菇的形状（c）。

5 再次放入烤箱，温度调到80℃，烘焙约1小时。

6 出炉以后，放在冷却网上冷却。完全冷却以后，用茶滤把滤好的可可粉撒在上面（d）。

炸弹面糊

材料 ●完成后约为100g
水……23g
细砂糖……63g
蛋黄……40g（约2个）
适合圣诞树干蛋糕的使用量
用于黄油油霜……25g
※上述材料按比例扩大制作也不会失败，剩下来的蛋白霜可以包保鲜膜放入冰箱冷藏。

制作方法

a

1 小锅内装水，加入细砂糖，小火加热。同时开始进行3的操作。

b

2 细砂糖熔化开始沸腾的时候，放入温度计测量（a）。

3 以电动搅拌器高速搅拌蛋黄，打制到略微蓬松的泡沫状态（b）。

c

4 待2的糖浆到达115℃的时候，逐次加入3的材料。其间，要不停地用打蛋器搅拌（c）。

如果条件允许，可以2人搭配作业。

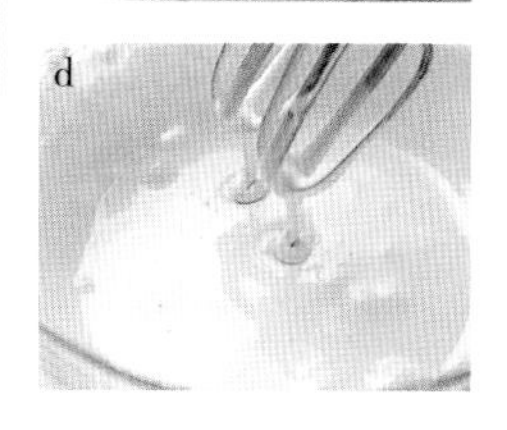

d

5 加入所有的糖浆，再次换成电动搅拌器以高速打发，直到泡沫变白，盛起来的时候能流畅地流淌下来即可（d）。

黄油奶油霜

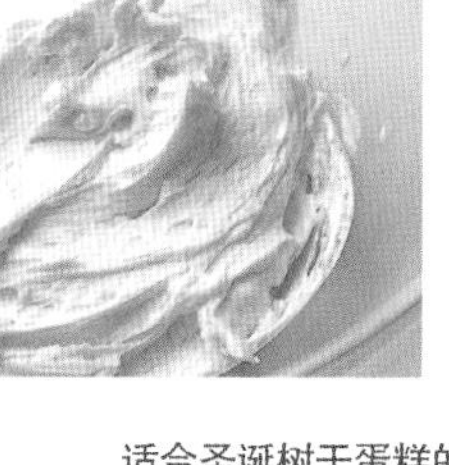

材料 ●完成后约为160g
黄油（无盐）……125g
意大利蛋白霜（P.86）……19g
炸弹面糊……25g

适合圣诞树干蛋糕的使用量
用于树干和树枝切口部位的分量……50g
用于点缀的茎叶（黄绿色部分）的分量……30g
用于点缀的果实（红色部分）的分量……15g

制作方法

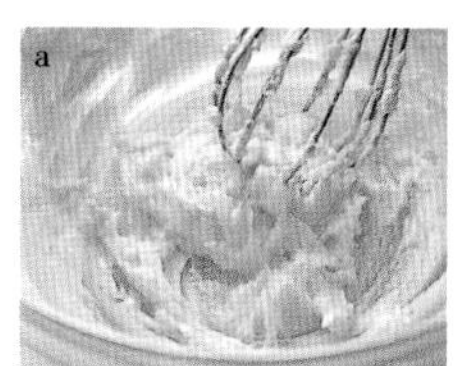

a

1 盆内装入黄油，在室温环境下恢复柔软以后，用打蛋器搅拌成霜状（a）。

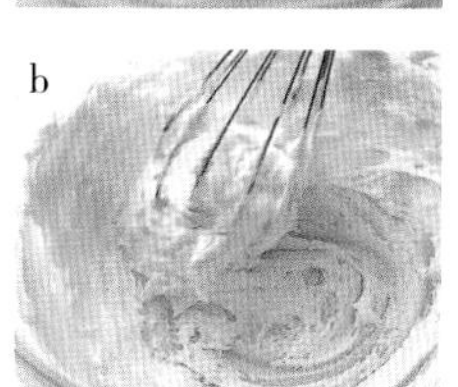

b

2 加入意大利蛋白霜和炸弹面糊，然后把3种素材均匀地混合在一起（b）。

用剩余的炸弹面糊做手工冰淇淋

如果制作意大利蛋白霜和炸弹面糊的时候，保证不了一定的分量，那么效果就会下降。本书中记载的是不会失败的最少分量，但是恐怕还会有所剩余。那么，就用剩下的材料来制作冰淇淋吧！制作方法非常简单。把淡奶油（适量即可）打发，然后混入剩余的炸弹面糊、葡萄干、坚果等各种喜欢的食材即可。放入冷冻室内冷冻一晚，就完成了口感丝滑、味道丰富的冰淇淋。味道堪比行家作品，绝对想不到是用剩下的炸弹面糊随手做成的。

装饰

给黄油奶油霜上色，然后用纸筒（P.65）在蛋糕卷上装饰出茎叶、果实的模样。黄油奶油霜做好以后马上使用，颜色不会有变化。但是放在冰箱里冷藏，再拿出来用微波炉加热，颜色会变得更浓。点缀的花纹并非必不可少，大家尽可能自由发挥，装点更有氛围的节日餐桌。

材料
黄油奶油霜（P.87）……45g
红、绿、黄色的食用色素……各少量

准备的工具
用来制作2个小纸筒的烘焙纸

制作红色黄油奶油霜

1

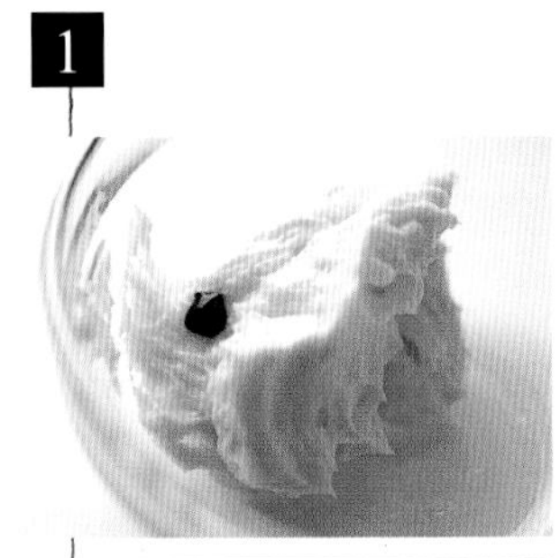

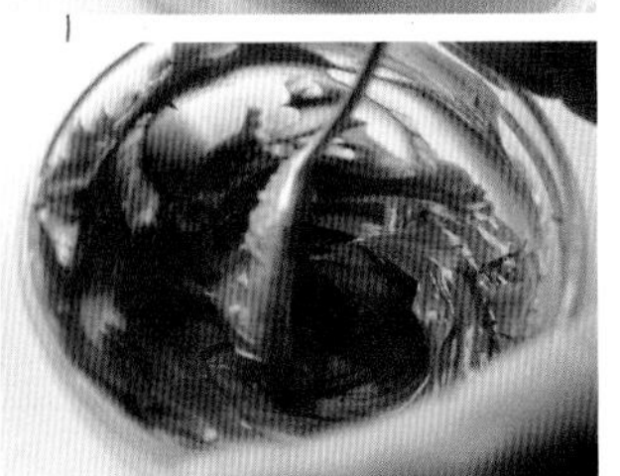

用少量水溶解红色食用色素，取1滴，滴入15g黄油奶油霜中搅拌均匀。

制作黄绿色黄油奶油霜

2

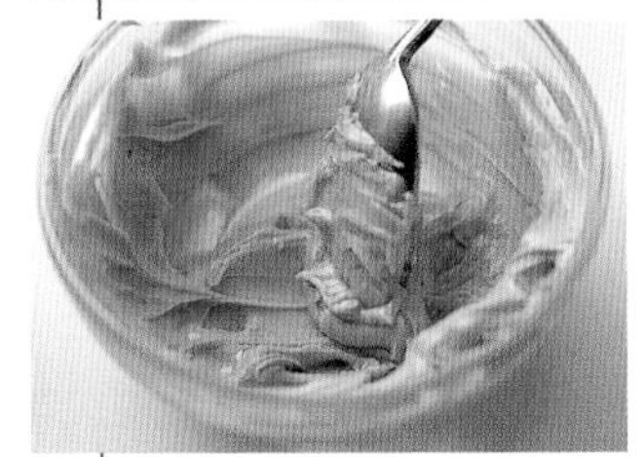

把黄色和绿色的食用色素溶解开，取数滴，滴入剩余的黄油奶油霜中搅拌均匀。绿色和黄色的分量，可以根据个人喜好调节。

准备纸筒

3

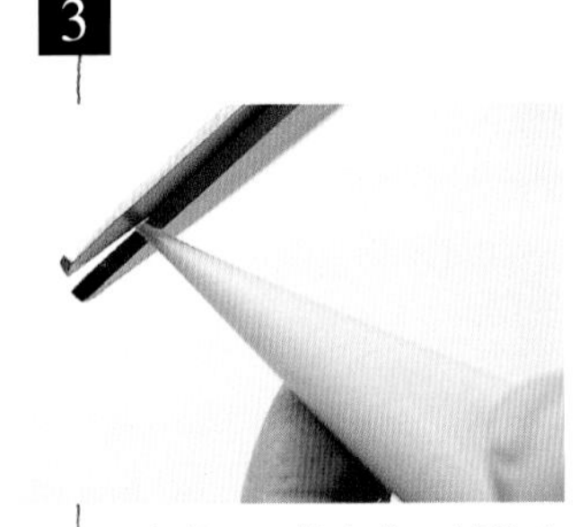

参考P.65的内容，制作小纸筒。把2的黄绿色黄油奶油霜装在里面，封闭开口处，然后在头部剪出直径约1mm的裱花嘴。

描绘蔓藤茎

4

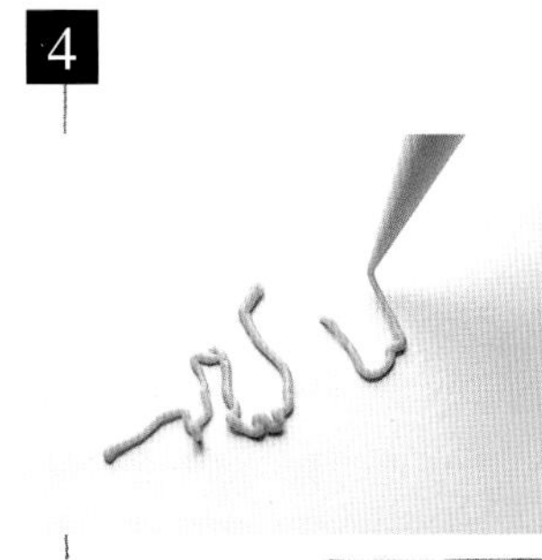

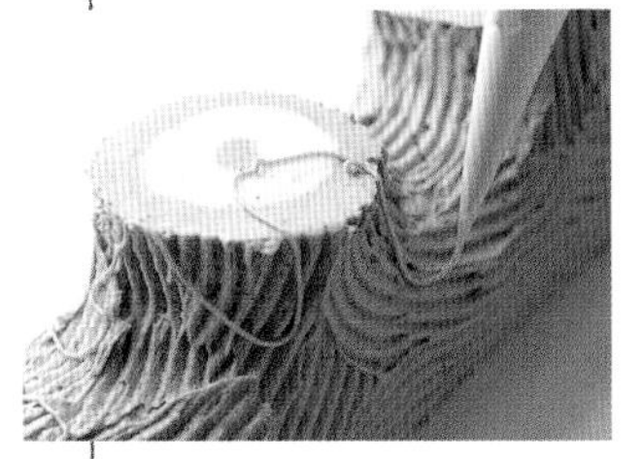

小纸筒的尖部稍微离开蛋糕卷表面，流淌状挤出黄绿色黄油奶油霜。在整个蛋糕卷表面，优美地挤出蔓藤茎的图案。

剪开小纸筒的头部

5

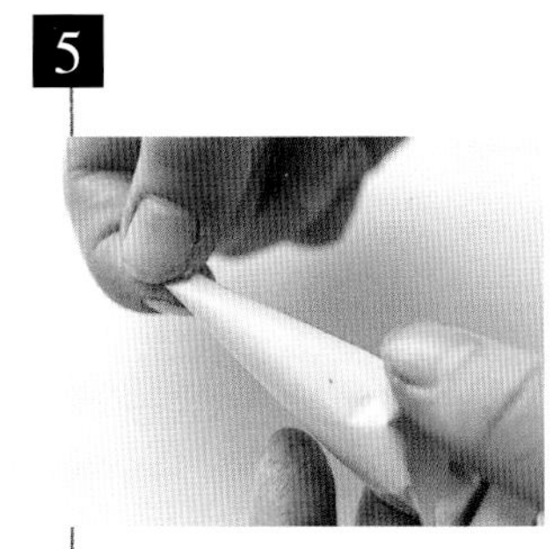

用手压扁小纸筒的头部

从压扁部分的两端，剪出箭头状的斜线切口。

描绘蔓藤叶

6

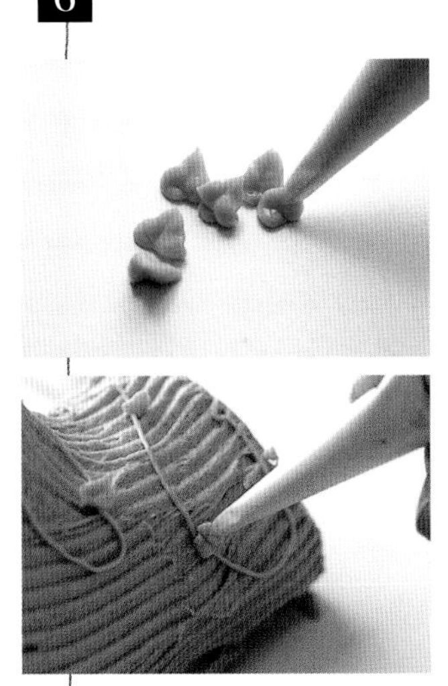

用力挤一下，然后抬起小纸筒。再用力挤一下，让2次挤出的黄油奶油霜堆积在一起形成小叶子的形状，然后快速把小纸筒拎起来，切断黄油奶油霜。沿着蔓藤茎的走向，挤出比例优美的小叶子。

描绘果实

7

另取一个小纸筒，装满红色黄油奶油霜，前端剪出1mm的剪口。想象着小樱桃的模样，挤出圆形的小果实。在茎叶连接的部分，分别挤出连在一起的1~2个红色果实。

有圣诞树干蛋糕的圣诞节

进入12月份，法国大街小巷的甜品屋橱窗里总是摆满各色圣诞树干蛋糕。明明是为了庆祝耶稣诞生，为什么会出现树干形状的甜点呢？这种蛋糕的由来，其实跟12月25日有很密切的关联。很多年前，法国人有个风俗，要整晚保证暖炉中有柴火。这个风俗的起源，来自基督教流行以前。那时候欧洲的原住民凯尔特人有庆祝冬至节的风俗。他们认为冬至前后1个月的时间，是恶灵会飞扬跋扈、死灵会转世重生的可怕季节。但是在太阳最弱的冬至这一天用美食来安慰死灵和祖先，那么就可以等到太阳力量恢复、驱散恶灵。所以，为了熬过严寒冬日，最重要的事情就是一直燃烧熊熊的篝火，祈祷新希望的到来。12月25日，原本是古罗马信仰的太阳神复活日。这一天与所谓的耶稣诞生日相结合，出现了现在的圣诞节。牧师们在布道的过程中，巧妙地借用了古欧洲人的风俗，把干柴当作可以供奉太阳、表达对耶稣敬意的象征，将其烘托成了圣诞节必不可少的物品。就这样，法国人常在平安夜不断地向暖炉中添柴火，然后又取其形状创意出圣诞树干蛋糕。最后点缀在上面的绿色蔓藤叶和红色果实，则象征着对耶稣受难的敬意和祈祷子孙繁荣的心愿。

制作各款蛋糕卷

所需的烘焙材料

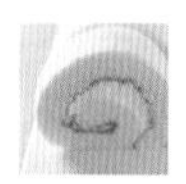

原味蛋糕卷（P.14）

蔗糖

用酵素从土豆、玉米中分解出淀粉，然后制成的天然糖质。保湿性能高，甜度约为砂糖的45%。与砂糖共同用于面糊的时候，可以增加润滑的口感和轻盈的甜度。

可可舒芙蕾（P.20）

可可块

可可豆被打碎以后，制成的质地顺滑的块状巧克力原料。看起来就是巧克力的样子，但是因为不含牛奶和砂糖，所以非常苦。

可可粉

可可块被碾榨之后残留的粉末状物体。容易结块，所以使用前务必过筛。

枫糖蛋糕卷（P.26）

枫糖

主要以加拿大等北美地区的糖枫树液体为原料做成的糖质。比枫糖糖浆的口感和醇香度高，是制作甜点的上好材料。

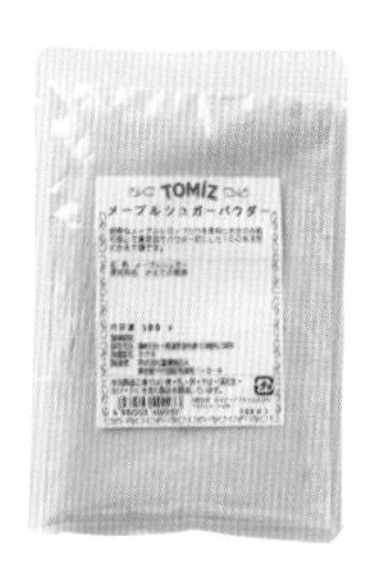

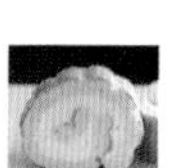

奶油奶酪蛋糕卷（P.32）

奶油奶酪

用乳酸菌的作用，使淡奶油和牛奶固化，然后制成的脱水生奶酪。奶香浓厚但是口感轻盈，具有一定酸味。

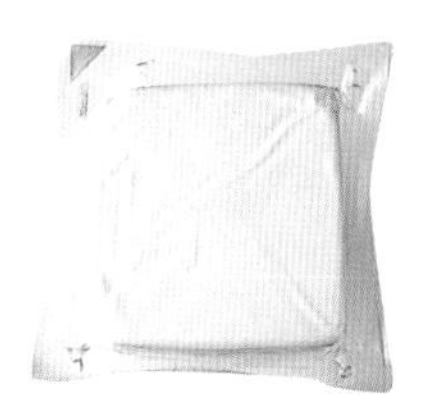

抹茶蛋糕卷（P.72）

抹茶

把茶叶进行干燥处理，然后用石臼碾成粉末状。这种抹茶粉有时也会被用来冲抹茶。但是如果追求香气，还是请到茶叶店购买专门的茶叶或茶叶粉。为保持其风味和色泽，开封后请放入冰箱冷藏。

本章节中补充说明本书食谱中出现的材料，虽然也有略显专业的材料，但是全部都可以在烘焙材料店买到。

红色蛋糕卷（P.36）

覆盆子果泥（冷冻）

打碎过筛后的覆盆子果泥，经过了快速冷冻的处理，解冻后可以立即使用，非常方便。最近还出现了其他种类的果泥，糖分含量通常为10%。

覆盆子粉（冷冻干燥）

把冷冻干燥后的覆盆子打成粉末后包装。如果买不到粉末，也可以购买覆盆子，然后自己过滤冷冻加工。

核桃

核桃，是世界各地广泛种植的一种坚果。营养价值高，口感丰富，一直被应用于各种甜点制作中。

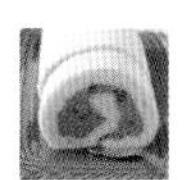

杏仁糖蛋糕卷（P.42）

杏仁糖泥

把杏仁糖（熬成枫糖状的砂糖和烤杏仁混合在一起，打碎而成）放在压辊里，压成糊状的物质。

杏仁

制作甜点时经常会出场的坚果。根据产地、品种、形状等可以分成很多种类。为提高口感，通常会烘焙后带皮使用。

香草豆荚

原产于墨西哥的兰科植物果实发酵而成。尽量选择豆荚较粗，没有干燥过度的豆荚。甜点师通常使用香气浓厚、留香持久的大溪地产豆荚。

制作各款蛋糕卷

所需的烘焙材料

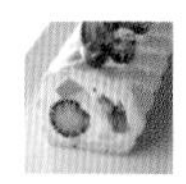

春色满园蛋糕卷（P.46）

樱桃酒

樱桃果汁发酵而成的蒸馏酒。使用樱桃酒的时候，经常与草莓、蓝莓等莓类酒或卡兰酒共同使用。以制作蛋糕为用途的时候，可以选择迷你款。

镜面果胶

为了增加水果等表面光泽，用来涂在表面的无色透明果酱。也有甜杏口味的淡黄色款式。

糖粉

细砂糖的微粉末状产品。撒在面糊上一起烘焙，会呈现出靓丽的烘焙色。为防止湿气使其结块，可以混合玉米淀粉共同使用。

●糖粉（装饰用）

粒子表面存在油脂膜，用于湿气较重的蛋糕或水果表面的装饰，不容易融化。

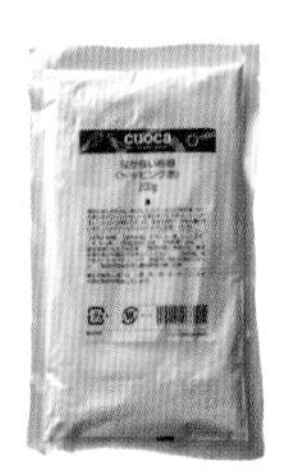

柑橘蛋糕卷（P.58）

浓缩柠檬汁（柠檬果泥）

柠檬果肉和果汁浓缩后形成的果泥，用于增添面糊或夹心馅的味道。如果买不到柠檬果泥，可以用市面上销售的浓缩柠檬汁代替。

转化糖

霜状转化糖（一种液体糖），制作面糊的时候使用，可以增加面糊的柔软度，增加黏稠感和光亮度。保存时间较长。

巧克力镜面淋酱

专门用于成品装饰的巧克力代替品，本食谱中使用的是白巧克力款式。加热熔解后可立即使用，因为含有植物性油脂，便于薄厚均一地延展开来。

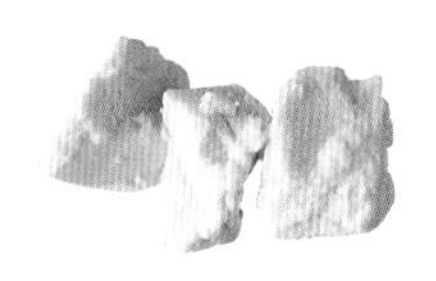

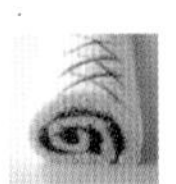

草莓果酱蛋糕卷（P.64）

草莓果酱

含有果肉的款式，原材料是加利福尼亚产的色泽鲜艳的品种，同时甜度较低。如果购买不到，可以选择类似的产品或者自己制作。

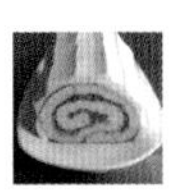

伊予柑橘蛋糕卷（P.66）

明胶

柑橘类、苹果、莓类水果中含有的一种食物纤维。具备水溶性，与甜、酸共同加热后，会变得黏稠。粉末明胶，通常都是从水果中提取明胶后加入安定剂制成。

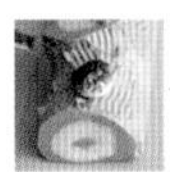

圣诞树干蛋糕卷（P.78）

杏仁粉

无皮杏仁粉。照片中杏仁粉的原材料，是产自加利福尼亚的杏仁。除此之外，产自西班牙、意大利的杏仁，以其油脂含量多、口味佳而闻名于甜点师之间。

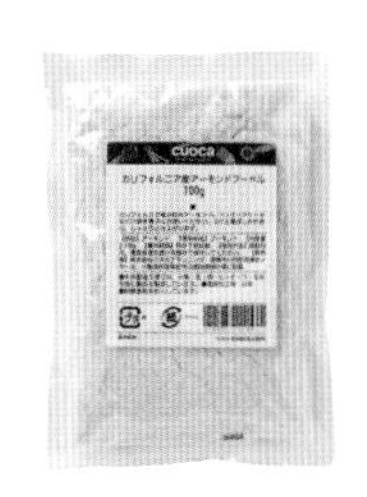

朗姆酒

蔗糖发酵、蒸馏而成的蒸馏酒。大概可以分为3类，根据其风味，可分为淡朗姆酒、朗姆常酒、强香朗姆酒。根据其色泽，可分为银朗姆酒、金朗姆酒、白朗姆酒。适合与栗子和葡萄干搭配。

糖煮栗子

把大颗的栗子果肉反复浸入香草风味的砂糖水中，表面干燥处理后完成。

栗子泥

意大利产的糖煮栗子泥。甜度适中，味道浓厚。

栗子酱

栗子泥与砂糖、香草一起调和而成的栗子酱。250g的罐装产品便于食用。

向甜点师的味道接近Q&A

Q 请教给我打发全蛋的方法。

A 常见失败原因之一，就是打发得不够好。打发全蛋的时候，应该在后半段使用电动搅拌器的低速，这才是能打发出理想蛋液的重点。气泡细腻均匀之前，请一定保持耐心，持续搅拌。

（安食老师）

Q 请教给我打发蛋白的方法。

A 首先，鸡蛋和油分一旦混合在一起，无论如何都会失败，所以请在开始打发蛋白之前，一定要确认好工具、小盆里是否沾有油脂。另外，蛋白里即使有少量蛋黄，也难以起泡。从刚开始制作蛋白霜的时候，就加入少量砂糖，开始出现小犄角后再加入剩余砂糖，这样比较容易成功。电动搅拌器设定到最高速，仔细耐心地操作，一定能够打制出细腻光亮的蛋白霜。

（大山老师）

Q 为什么卷蛋糕卷的时候蛋糕坯会裂开呢？

A 首先，需要认真打发蛋液。其次，需要在加入面粉以后毫无恐惧地搅拌充分，做出顺滑的面糊。如果面糊细腻，烘焙之后就能具备弹性，难以开裂。还有一个需要注意的地方，就是家庭烘焙的时候，打开烤箱的一瞬间，烤箱内温度就会急速下降。所以预热温度应该比烘焙温度高20℃左右，开始烘焙以后再把设定温度调回来。出炉后请立即冷却蛋糕坯，别忘了还要防止干燥。

（山本老师）

Q 请教给我杰诺瓦士面糊混合程度的判断方法。

A 首先，用电动搅拌器充分搅拌蛋液，让蛋液中含有大量气泡。加入面粉以后继续仔细地搅拌，让泡沫重归细腻。如果留下大气泡，出炉后的蛋糕坯就会很快塌陷。搅拌的时候，一定要坚持到完全看不到干粉为止，另一个重点是要出现很多细腻、但是包裹着大量空气的小气泡才行。搅拌完成的判断方法，就是面糊从上落下的时候，呈现片状，且能在盆中留下痕迹。这时候，再继续搅拌几下，让面糊流线型流淌下来，痕迹马上消失即可。

（石塚老师）

Q 为什么面糊烤煳了呢？

A 因为蛋糕卷的蛋糕坯很薄，出现烘焙色以后应该马上出炉冷却。如果稍微有一些过火，可以在上面盖一条拧干了的湿毛巾。

（大山老师）

Q 为什么形状总是不稳定，卷好了以后松松垮垮呢？

A 首先，开始卷之前要做出卷芯。卷好以后把格尺放在烘焙纸上面，紧紧地裹一下蛋糕卷，这样才能修正蛋糕卷的弯曲。用烘焙纸包裹住蛋糕卷以后，用胶带固定，卷口朝下放入冰箱内冷藏。这样的话，蛋糕卷就一定不会松松垮垮了。

（横田老师）

Q 为什么完成以后的蛋糕卷装盘时碎了呢？

A 成品的蛋糕卷非常敏感。从盒子取出，转移到盘子里时，应该把抹刀伸进蛋糕卷下面，单手扶住蛋糕卷缓慢移动。抽出抹刀的时候也一样，需要用叉子或者小刀固定住靠近身体一侧的蛋糕卷，把蛋糕卷上可能产生的损伤降至最低，然后一气呵成地把抹刀抽出来。

（辻口老师）

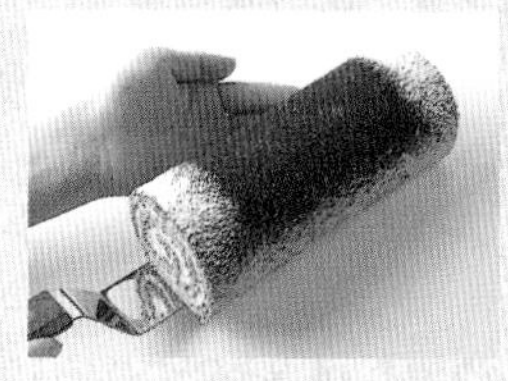

赠送、运输时所需的蛋糕卷包装盒

做好蛋糕卷以后，一定会想赠送给谁做礼物吧！本书中的每一款蛋糕卷都是非常柔软而敏感的款式。为防止移动过程中碎掉、裂开，请购买市面上销售的蛋糕卷专用包装盒。千万别忘了在包装盒里要装进冷却剂。

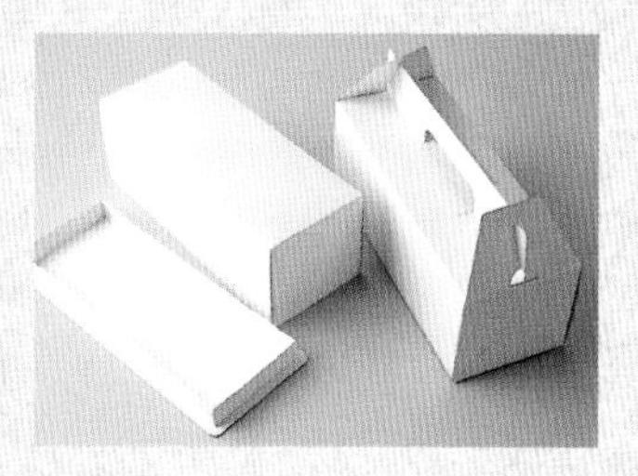

图书在版编目（CIP）数据

一流大师的蛋糕卷 /（日）石塚伸吾等著；王春梅译. —沈阳：辽宁科学技术出版社，2018.8
ISBN 978-7-5591-0884-5

Ⅰ. ①一… Ⅱ. ①石… ②王… Ⅲ. ①蛋糕—糕点加工 Ⅳ. ①TS213.2

中国版本图书馆CIP数据核字（2018）第175867号

出版发行：辽宁科学技术出版社
（地址：沈阳市和平区十一纬路25号 邮编：110003）
印 刷 者：辽宁新华印务有限公司
经 销 者：各地新华书店
幅面尺寸：170mm × 240mm
印　　张：6
字　　数：100 千字
出版时间：2018 年 8 月第 1 版
印刷时间：2018 年 8 月第 1 次印刷
责任编辑：康　倩
封面设计：袁　舒
版式设计：袁　舒
责任校对：栗　勇

书　　号：ISBN 978-7-5591-0884-5
定　　价：28.00 元

投稿热线：024-23284367 987642119@qq.com
邮购热线：024-23284502
http://www.lnkj.com.cn